电子电气基础课程规划教材

U0290549

电子技术实验与设计教程
（第2版）

刘建成　冒晓莉　编著

電子工業出版社.

Publishing House of Electronics Industry

北京 · BEIJING

内 容 简 介

本书是根据高等院校理工科本科生的电子技术实验基本教学要求编写的。本书基于理论与实践并重的思想,在内容的安排上注重对学生基础实验技能的训练,同时加强综合性和设计性实验项目。书中除了安排基本的模拟电路实验和数字电路实验外,在部分实验后面安排了设计性实验内容,各校可根据自己的需求选做部分内容。

全书分为 3 个部分和 4 个附录。第一部分为模拟电路实验部分;第二部分为数字电路实验部分;第三部分为综合实验部分;附录分别为几种常用仪器的使用说明、电路元器件的特性和规格、NI Multisim 13 使用指南和电路故障分析的基本方法。各个部分内容既有一定的联系,又具有相对独立性,便于各校选用。

本书可作为高等院校电气与电子信息类、计算机类和物理类等相关专业本、专科学生的实验教材,也可供有关从事电子设备及电路设计和研制的工程技术人员选用。

未经许可,不得以任何方式复制或抄袭本书之部分或全部内容。
版权所有,侵权必究。

图书在版编目(CIP)数据

电子技术实验与设计教程 / 刘建成,冒晓莉编著. — 2 版. — 北京:电子工业出版社,2016.5
电子电气基础课程规划教材
ISBN 978-7-121-28809-8

Ⅰ. ①电… Ⅱ. ①刘… ②冒… Ⅲ. ①电子技术—实验—高等学校—教材②电子电路—电路设计—高等学校—教材 Ⅳ. ①TN-33②TN702

中国版本图书馆 CIP 数据核字(2016)第 101027 号

责任编辑:凌   毅
印   刷:北京虎彩文化传播有限公司
装   订:北京虎彩文化传播有限公司
出版发行:电子工业出版社
         北京市海淀区万寿路 173 信箱   邮编 100036
开   本:787×1092 1/16 印张:15.25 字数:410 千字
版   次:2007 年 3 月第 1 版
         2016 年 5 月第 2 版
印   次:2023 年 6 月第 9 次印刷
定   价:35.00 元

凡所购买电子工业出版社图书有缺损问题,请向购买书店调换。若书店售缺,请与本社发行部联系,联系及邮购电话:(010)88254888,88258888。

质量投诉请发邮件至 zlts@phei.com.cn,盗版侵权举报请发邮件至 dbqq@phei.com.cn。

本书咨询联系方式:(010)88254528,lingyi@phei.com.cn。

前　言

　　电子技术是电气与电子信息类、计算机类和物理类等专业本、专科学生的一门重要的技术基础课,它以理论应用性与技术实践性为鲜明特点,其中电子技术实验是整个教学过程中的重要组成部分。

　　本书基于理论与实践并重的思想,在内容的安排上注重对学生基础实验技能的训练,同时加强综合性和设计性实验项目。通过实验,使学生掌握电路连接、电路测量、故障分析与排除、电路设计等实验技巧,掌握常用电子测量仪器仪表的使用方法及数据的采集、处理和分析方法;通过各种实验现象的观察,培养学生利用基本理论独立分析问题、解决问题的能力,培养学生的创新意识和严肃认真的科学态度、踏实细致的实验作风,提高学生的独立动手能力。

　　本书共选编了30个实验和4个附录,其中15个模拟电路实验和15个数字电路实验。在这些实验中,除了含有传统的理论验证性内容以外,大部分实验任务的安排顺序为由浅入深、由易到难,从验证性的实验任务逐渐过渡到综合性、设计性的实验任务;部分实验则完全属于综合性实验或设计性实验,并有少部分超过大纲要求的内容。在实际电路实验的设计中,要求学生尽可能地多次使用电压表、信号发生器、数字示波器、实验箱等各种常规仪器仪表,目的是使学生在重复性使用过程中,真正掌握这些仪器仪表,使之在后续课程实验中乃至未来的工程实践中得心应手地使用这些仪器仪表。考虑到在实验中自如地使用数字示波器分析电路是一个难点,本书特别加重了对数字示波器使用的训练。随着计算机技术的飞速发展,电路的计算机仿真分析已经成为对大学生的基本要求,本书在附录中对 NI Multisim 13 的仿真软件做了较为详细的介绍,为学生掌握仿真软件奠定基础。

　　本书第1版由刘建成、严婕编著,行鸿彦教授审阅。第2版由刘建成和冒晓莉完成,保留了严婕编写的部分内容。再版工作得到了南京信息工程大学电信学院许多教师的关心和支持,在此表示感谢。

　　由于作者水平有限,书中难免仍有不妥和疏漏之处,敬请读者和广大同行批评、指正。

作　者
2016 年 4 月

目　　录

绪　　论

"电子技术基础"是电气与电子信息类、仪器仪表类等专业的重要专业基础课,是一门实践性很强的课程,它的任务是使学生获得电子技术方面的基本理论、基本知识和基本技能,培养学生分析问题和解决问题的能力。实验是学习和研究电子技术学科的重要手段,既是对理论的验证,又是对理论的实施,同时还是对理论的进一步研究与探索。

在电子技术飞速发展、广泛应用的今天,实验显得更加重要。在实际工作中,电子技术人员需要分析器件、电路的工作原理;验证器件、电路的功能;对电路进行调试、分析,排除电路故障;测试器件、电路的性能指标;设计、制作各种实用电路的样机。所有这些都离不开实验。此外,通过实验可以培养我们严谨的工作作风,严肃认真、实事求是的科学态度,刻苦钻研、勇于探索和创新的开拓精神,遵守纪律、团结协作的优良品质。

1. 电子技术实验的分层和特点

电子技术实验包括模拟电子技术实验和数字电子技术实验,可以分为 4 个层次:基础实验、综合性实验、设计性实验、仿真实验。

基础实验主要针对电子技术本门学科范围内理论验证和实践技能的培养,着重奠定基础。这类实验除了巩固加深某些重要的基础理论外,主要在于帮助学生认识现象,掌握基本实验知识、基本实验方法和基本实验技能。

综合性实验可提高学生对单元功能电路的理解,了解各功能电路间的相互影响,掌握各功能电路之间参数的衔接和匹配关系,以及模拟电路和数字电路之间的结合,可提高学生灵活运用知识的能力。

设计性实验可提高学生对基础知识、基本实验技能的运用能力,掌握参数及电子电路内在规律,真正理解模拟电路参数"量"的差别和工作"状态"的差别。

仿真实验可以使学生通过掌握一种仿真软件的功能、特点,以及它的应用,学会电子电路现代化的设计方法。在实验中软件的使用以自学为主,配合具体的题目,培养学生对新知识的掌握和应用能力。

电子技术实验具有较强的综合性。要掌握电子技术实验,顺利地进行各类电子线路实验,必须掌握各种电子元器件知识、模拟电子技术、数字电子技术、电子工艺技术、电子测量技术等专业知识。

2. 实验预习

任何电路实验都有一定的目的,并为此提出实验任务。预习时,要恰当地应用基本理论,明确实验目的,掌握实验原理,并综合考虑实验环境和实验条件,分析所设计的实验,提出任务的可行性,最后预计实验结果并写出预习报告。预习报告的内容通常包括以下几个部分。

(1) 实验标题

实验标题是对实验内容的最好概括。通过实验标题,实验设计人员、实验操作人员时刻明白自己在进行什么实验,并围绕着实验的中心内容开展一系列的工作。

(2) 实验目的

电子技术实验教学通过对学生基本实验技能的训练,培养其用基本理论分析问题、解决问题的能力和严肃认真的科学态度、踏实细致的实验作风。通过实验培养学生连接电路、电子测量、故障排除等实验技巧；通过实验学习常用电子仪器仪表的基本原理及使用方法；通过实验学习数据的采集与处理、各种现象的观察与分析等。依据各个实验内容的不同，实验目的侧重点也不同，预习报告要对此加以明确。

（3）实验原理

实验原理包括基本理论的应用、实验电路的设计、测量仪表的选择和测量方案的确定等。其中要注意实验电路与理论电路的差异性，实验电路需要把测量电路包括在内，要考虑测量仪器怎样接入电路可减小对电路的影响等。完成这部分的内容，要求复习有关的理论，熟悉实验电路，了解所需的电路元器件、仪器仪表的性能、参数、基本原理及使用方法等。

（4）设计实验操作步骤

实验任务必须保证达到实验目的。为完成实验任务所设计的实验步骤必须细致、充分地考虑各种因素，如仪器设备和实验人员的安全、多个数据测量的先后顺序、测量之间的互相影响等。值得注意的是，在电路实验的初始阶段，某些细致的实验操作步骤设计是对今后从事电气工程工作良好习惯的培养。例如，为了保证仪器设备的安全，应用仪表进行测量之前要选择合适的量程，多功能仪表测量前要确定多功能旋钮的位置，可调电源上电前一般先置零、上电后再调至合适值，等等；为了保证人身安全，必须采用先接线后合电源、先断电源后拆线的操作程序等，在培养技能的同时还要培养学生的职业素养。

（5）确定观察内容、待测数据及记录数据的表格

实验中要测量的物理量，包括由实验目的所直接确定或为获得这些物理量而确定的间接物理量、反映实验条件的物理量及作为检验用的物理量等。预习时必须拟订好所有记录数据和有关内容的表格。凡是要求首先理论计算的内容必须完成，并填入表格。

3. 实验操作

实验操作是在详细的预习报告指导下，在实验室进行的整个实验过程。包括熟悉、检查及使用实验器件与仪器仪表，连接实验线路，故障检查，实际测试与记录数据及实验后的整理工作等。

（1）熟悉、检查及使用实验器件与仪器仪

实验用的元器件与仪器仪表不同于理想中的，同一种性质的元器件或仪器型号、用途的不同而在外观形状和内在性能上存在很大的差异。在电子技术实验中，所涉及的元器件包括电阻器、电感器、电容器、晶体管、运算放大器、集成电路等，仪器有信号发生器、数字示波器、电压表、实验箱、逻辑笔等，这些都必须在实验中认识、了解和熟悉。

（2）连接实验线路

连接实验线路是建立实验系统最关键的工作，需注意以下 3 个方面的问题。

① 实验对象的摆放：实验用电源、负载、测量仪器等应摆放合理。遵循的原则为：实验对象摆放后使得电路布局合理（位置、距离、跨接线长短对实验结果影响要小），便于操作（调整和读取数据方便），连线简单（用线短且用量少）。

② 连线顺序：连接的顺序视电路的复杂程度和个人技术熟练程度而定。对初学者来说，应按电路图——对应接线。对于复杂的实验电路，应先接串联支路，后接并联支路（先串后并），每个连接点不多于两根导线；同时要考虑元器件、仪表的极性、参考方向、公共参考点与电路图的对应位置等，一般最后连接电源。

③ 连线检查：对照实验电路图，由左至右或由电路有明显标记处开始——检查，不能漏掉一根哪怕很小很短的连线，图物对照，以图校物。对初学者来说，电路连线检查是最困难的一项工作，它既是对电路连接的再次实践，又是建立电路原理图与实物安装图之间内在联系的训

练机会。对连接好的电路做细致检查,是保证实验顺利进行、防止事故发生的重要措施,因此不能疏忽电路的检查工作。

（3）故障检查

在正常的情况下,连接好实验线路,即可开始实验测量工作。但也常常会出现一些意想不到的故障,必须首先排除故障,以保证实验的顺利进行。在电路实验中,常见的是实验线路故障,查找此类故障可采用以下两种方法。

① 断电检查法:当实验电路接错线,造成电源或负载短路、开路等错误时,应立即关掉电源;使用万用表欧姆挡,对照实验原理图,对每个元件及连线逐一进行检查,根据被检查点电阻的大小找出故障点。

② 通电检查法:当实验电路工作不正常或出现明显错误结果时,用万用表的电压挡,对照实验原理图,对每个元件及连线逐一进行检查,根据被检查点电压的大小找出故障点。在对每个元件及连线逐一进行检查时,一般顺序为:检查电路连线是否接错;检查电源供电系统,从电源进线、刀闸开关、熔断器到电路输入端子有无电压,是否符合给定值等;检查电路中各元件及测量仪器之间连接是否牢固可靠,导线是否良好;检查测量仪器仪表有无供电,输入、输出是否正常,量程、衰减、显示等是否正确,测试线及接地线是否完好等。

（4）实际测试与记录数据

实际测试与记录数据是实验过程中最重要的环节。为保证实验测试数据的可信度,需要在实际测量之前先进行预测。此时不必仔细读取数据,主要是观察各被测量的变化情况和出现的现象。预测的主要目的有两个。

① 通过预测发现可能出现的设备接线松动、虚焊,连接导线隐藏的断点,实验电路接线错误、碰线等隐患,排除发现的隐患,确保实验电路正常工作。

② 通过预测使实验人员对实验的全貌有一个数量的概念,了解被测量的变化范围,选择合适的仪表量程,了解被测量的变化趋势,确定实际测量时合理选取数据的策略。

预测结束、恢复实验系统后,即可按预习报告的实验步骤进行实验操作、观察现象,完成测试任务。实验数据应记录在预习报告拟订的数据表格中,并注明被测量的名称和单位,保持定值的量可单独记录。经重测得到的数据应记录在原数据旁或新的数据表格中,不要轻意涂改原始记录数据,以便比较和分析。

在测试的过程中,应尽可能及时地对数据做初步的分析,以便及时地发现问题,采取可能的必要措施以提高实验质量。

实验做完以后,不要忙于拆除实验线路。应先切断电源,待检查实验测试没有遗漏和错误后再拆线。一旦发现异常,需在原有的实验状态下,查找原因,并作出相应的分析。

（5）实验结束后的整理工作

全部实验结束后,应将所用仪器设备复归原位,将导线整理好,清理实验桌面,离开实验室。

4. 撰写实验报告

实验报告是实验结果的总结和反映,也是实验课的继续和提高。通过撰写实验报告,使知识条理化,可以培养学生综合分析问题的能力。一个实验的价值在很大程度上取决于实验报告质量的高低,因此对实验报告的撰写必须予以充分的重视。撰写一份高质量的实验报告必须做到以下几点。

① 以实事求是的科学态度认真做好各个实验。在实验过程中,对读测的各种实验原始数

据应按实际情况记录下来,不应擅自修改,更不能弄虚作假。

② 对测量结果和所记录的实验现象,要会正确分析与判断,不能对测量结果的正确与否一无所知,以致出现因数据错而重做实验的情况。如果发现数据有问题,要认真检查线路并分析原因。数据经初步整理后,请指导教师审阅,然后才可拆线。

③ 实验报告的主要内容包括:

- 实验目的;
- 实验原理;
- 实验设备;
- 实验步骤和测试方法;
- 实验数据、波形和现象以及对它们的处理结果;
- 实验数据分析;
- 实验结论;
- 实验中问题的处理、讨论和建议,收获和体会;
- 附实验的原始数据记录。

5. 电子技术实验的安全规则

进行电子技术实验必须具有一定的安全常识,每个人都必须遵守电子技术实验室的安全规章制度,才能保障人身安全,防止实验仪器和实验装置损坏。为此,特提醒如下:

① 使用实验仪器前,应阅读仪器的使用说明,了解仪器使用方法和注意事项,看清仪器所需电源电压值;

② 使用仪器应按要求正确地接线;

③ 实验中不得随意扳动、旋转仪器面板上的旋钮、开关等,或用力过猛地扳动旋转;

④ 不应随意拆卸实验装置,如拆接连线、插拔集成电路等;

⑤ 实验时应随时注意仪器及电路的工作状态,如发现有熔断器熔断、火花、臭味、冒烟、响声、仪器失灵、读数失常、电阻或其他器件发烫等异常现象时,应立即切断电源,保持现场,待查明原因并排除故障之后,方可重新通电;

⑥ 仪器使用完毕后,面板上各旋钮、开关应旋转扳动至合适的位置。

第一部分

模拟电路实验部分

实验 1　常用电子仪器的使用

一、实验目的

(1) 学习电子电路实验中常用的电子仪器——数字示波器、信号发生器、毫伏表等的主要技术指标、性能及正确使用方法。

(2) 初步掌握数字示波器观测波形和读取波形参数的方法。

二、实验原理

在电子技术实验中,最常用的电子仪器有:示波器、信号发生器、直流稳压电源、交流毫伏表等。它们和万用表一起,可以完成对电子电路的静态和动态工作情况的测试。

实验中要对各种仪器进行综合使用,可以按照信号流向,以连线简捷、调节顺手、观察与读数方便等原则,进行合理布局。各仪器与被测实验装置之间的布局与连线如图 1.1 所示。接线时应注意,为防止外界干扰,各仪器的公共接地端应连接在一起,称为共地。信号源和毫伏表的引线通常用屏蔽线或专用电缆线,示波器用专用电缆线,直流稳压电源的接线用普通导线。

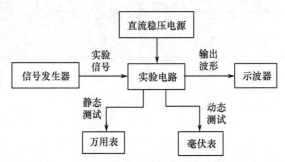

图 1.1　电子技术实验中测量仪器连接图

1. **实验电路**

在电子技术相关课程中的实验电路可以是一个单元电路,也可以是综合设计性电路。无论是何种电路,都要使用一些电子仪器及设备进行测量。测量分为两种,一是静态测量,二是动态测量。通过观察实验现象和结果,将理论和实践结合起来。

2. **直流稳压电源**

直流稳压电源为电路提供能源,通常输出为电压。

3. **信号发生器**

信号发生器为电路提供各种频率和幅度的输入信号。信号发生器按需要可输出正弦波、方波、三角波 3 种信号波形。输出信号的幅度和频率均可调节。信号发生器作为信号源,它的输出端不允许短路。

4. **交流毫伏表**

交流毫伏表用于测量电路的输入、输出信号的有效值。交流毫伏表只能在其工作频率范围内,用来测量正弦交流电压的有效值。为了防止过载而损坏仪器,测量前一般先把量程开关置于量程较大位置处,然后在测量中逐挡减小量程。同时为了提高测量精度,在使用前要先对毫伏表进行调零。

5. 万用表

万用表用于测量电子电路的静态工作点和直流信号的值,同时还可以测量较低频率信号的交流电压、交流电流的有效值及电路的阻值。

6. 示波器

电子示波器是一种常用的电子测量仪器,它能直接观测和真实显示被测信号的波形。它不仅能观测电路的动态过程,还可以测量被测信号的幅度、频率、周期、相位、脉冲宽度、上升时间和下降时间等参数。本书附录 A.1 对 SDS1000 型数字示波器的使用方法作了较详细的说明。

三、实验仪器

- 信号发生器　　1 台
- 数字示波器　　1 台
- 毫伏表　　　　1 只

四、实验内容及步骤

1. 用示波器测量"校准信号"

(1) 打开示波器电源,示波器执行所有自检项目,并确认通过自检,按下【DEFAULT SETUP】按钮。

(2) 将示波器探头上的开关设定到 1X 并将探头与示波器的通道 1 连接,连接示波器的校准信号。

(3) 按下【AUTO】按钮,屏幕会显示频率为 1kHz、电压峰-峰值约为 3V 的方波。将测量结果记入表 1.1 中。

(4) 调节"S/DIV"旋钮展开波形,记录校准信号的上升时间和下降时间。

表 1.1　校准信号测量记录表

幅度	频率	上升时间	下降时间

2. 用示波器和毫伏表测量信号发生器输出电压

按图 1.2 连接仪器。信号发生器输出信号频率固定为 1kHz,分别调节信号发生器输出幅度为 $1V_{P-P}$ 和 $10V_{P-P}$,将测量结果记入表 1.2。

表 1.2　信号发生器输出电压测量结果记录表

信号源输出电压 V_{P-P}	示波器灵敏度 (V/DIV)	波形峰到峰高度 DIV	峰-峰值电压 (计算)	示波器显示值 (峰-峰值)	毫伏表测量值 (有效值)
1					
10					

3. 用示波器测量信号频率

信号源输出为 $5V_{P-P}$,频率为表 1.3 中所示,调节示波器的"s/DIV"旋钮,保证示波器上显示两个完整周期波形,将测量结果记入表 1.3。

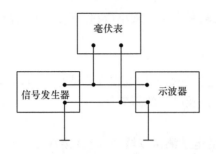

图 1.2　示波器和毫伏表测量信号的仪器连接图

表 1.3　示波器测量交流信号频率记录表

信号频率(kHz)	0.1	1	10	100	1000
扫描速度位置(s/DIV)					
一周期所占水平格数 DIV					
信号周期 T					
信号频率 $f=1/T$					
示波器显示频率					

五、预习要求

(1) 认真阅读本书附录中的有关内容。

(2) 阅读本实验内容和步骤。

六、实验报告

(1) 整理实验数据。

(2) 用示波器测量交流信号的频率和幅值时,如何才能保证示波器所能达到的测量精度?

(3) 交流毫伏表测量正弦信号,在使用时应注意什么? 能否使用交流毫伏表测量方波信号的幅度?

实验 2　单管共射放大电路

一、实验目的

(1) 掌握放大器静态工作点的调试和测量方法。
(2) 了解电路元器件参数改变对静态工作点及放大倍数的影响。
(3) 掌握放大器电压放大倍数、输入电阻、输出电阻的测量方法。

二、实验原理

如图 2.1 所示为电阻分压式工作点稳定的单管放大器实验电路图。它的偏置电路采用 R_{b1} 和 R_{b2} 组成的分压电路，并在发射极接有电阻 R_e，以稳定电路的静态工作点。当在放大器的输入端加输入信号 U_i 后，在放大器输出端便可得到一个与 U_i 相位相反、幅值放大的输出信号 U_o，从而实现电压放大。

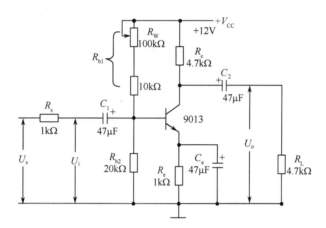

图 2.1　共发射极单管放大电路

在图 2.1 电路中，当流过偏置电阻 R_{b1} 和 R_{b2} 的电流远大于晶体管 9013 的基极电流 I_B 时（一般为 5～10 倍时），则晶体管的静态工作点可用下式估算

$$V_B \approx \frac{R_{b2}}{R_{b1}+R_{b2}} \cdot V_{CC}$$

$$I_E = \frac{V_B - U_{BE}}{R_e} \approx I_C$$

$$U_{CE} = V_{CC} - I_C(R_c + R_e)$$

交流电压放大倍数为

$$A_u \approx -\beta \frac{R_c /\!/ R_L}{r_{be}}$$

交流输入电阻为

$$R_i = R_{b1} /\!\!/ R_{b2} /\!\!/ r_{be}$$

交流输出电阻为

$$R_o \approx R_c$$

由于电子元器件参数的离散性较大,因此在设计和制作晶体管放大电路时,离不开测量和调试技术。在设计前应测量所用元器件的参数,为电路设计提供必要的依据,在完成设计和连接以后,还必须测量和调试放大器的静态工作点。一个正常工作的放大器,必定是理论设计与实验相结合的产物。因此,除了学习放大器的理论知识和设计方法外,还必须掌握必要的测量和调试技术。

放大器的测量和调试一般包括:放大器静态工作点的测量与调试、消除干扰及放大器各项动态参数的测量与调试等。

1. 放大器静态工作点的测量与调试

(1) 静态工作点的测量

测量放大器的静态工作点,应在输入信号 $U_i = 0$ 的情况下进行,即将放大器输入端对地短接,然后分别选用万用表中量程合适的直流电流挡和直流电压挡,测量晶体管的集电极电流 I_C 及各电极对地的电位 V_B、V_C 和 V_E。一般实验中,为了避免断开集电极,所以采用测量电压计算出 I_C 的方法。例如,只要测量出 V_E,即可用 $I_C \approx I_E = V_E/R_e$ 计算,同时也能计算出 $U_{BE} = V_B - V_E$、$U_{CE} = V_C - V_E$。为了减小误差,提高测量精度,应选用内阻较高的直流电压表。

(2) 静态工作点的调试

静态工作点是否合适,对放大器的性能和输出波形都有很大影响。如静态工作点偏高,放大器在加入交流信号后易产生饱和失真,此时 U_o 的负半周将被削底,如图 2.2(a) 所示;如静态工作点偏低,则易产生截止失真,即 U_o 的正半周被缩顶(一般截止失真不如饱和失真明显),如图 2.2(b) 所示。这些情况都不符合不失真放大的要求。所以在选定静态工作点以后还必须进行动态调试,即在放大器的输入端加入一定的 U_i,检查输出端电压 U_o 的大小和波形是否满足要求。如果不满足,则应调节静态工作点的位置。

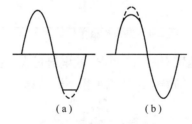

(a)   (b)

图2.2　静态工作点对 U_o 波形失真的影响

改变电路参数 V_{CC}、R_c、R_{b1}、R_{b2},都会引起静态工作点的变化,如图 2.3 所示。但通常多采用调节偏置电阻 R_{b1} 的方法来改变电路的静态工作点,如减小 R_{b1},则可使静态工作点提高等。

最后还要说明的是,上面所说的静态工作点"偏高"或"偏低"不是绝对的,应该是相对信号的幅度而言的,如信号幅度很小,即使静态工作点较高或较低也不一定会出现失真。所以确切地说,产生波形失真是信号幅度与静态工作点设置不当所致。如需满足较大的信号幅度要求,静态工作点应尽量靠近交流负载线的中点。

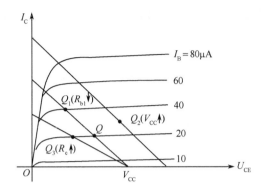

图 2.3　电路参数对静态工作点的影响

2. 放大器动态指标测试

放大器动态指标测试有电压放大倍数、输入电阻、输出电阻、最大不失真输出电压(动态范围)和通频带等。

(1) 电压放大倍数 A_u 的测量

调整放大器到合适的静态工作点,然后加入输入电压 U_i,在输出电压 U_o 不失真的情况下,用交流毫伏表测出 U_i 和 U_o 的有效值,则

$$A_u = \frac{U_o}{U_i}$$

(2) 输入电阻的测量

放大器输入电阻的大小,表示该放大器从信号源或前级放大器获取多少电流,为前级电路设计提供负载条件。可用串接电阻法测量 R_i,测量电路如图 2.4 所示。为了测量放大器的输入电阻,即在信号源与放大器输入端之间串接一个已知电阻 R_s,在放大器正常工作的情况下,用交流毫伏表测出 U_s 和 U_i,则根据输入电阻的定义可得

$$R_i = \frac{U_i}{I_i} = \frac{U_i}{\dfrac{U_R}{R_s}} = \frac{U_i}{U_s - U_i} R_s$$

其中,U_R 是 R_s 两端的电压。

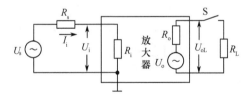

图 2.4　输入、输出电阻测量电路

测量时应注意:

① 由于电阻 R_s 两端没有电路公共接地点,而电压表一般测量的是对地的交流电压,所以,当测量 R_s 两端的电压 U_R 时,必须分别测量 R_s 两端对地的电压 U_s 和 U_i,然后再求出 U_R。实际测量时,电阻 R_s 的数值不宜取得过大,否则容易引入干扰,但也不宜取得过小,否则测量误差较大。通常取 R_s 与 R_i 为同一数量级比较合适,本实验取 R_s 为 1kΩ。

② 测量之前,毫伏表应该校零,U_s 和 U_i 最好用同一量程挡进行测量。

③ 输出端应接上负载电阻 R_L，并用示波器监视输出波形，要求在波形不失真的条件下进行上述测量。

（3）输出电阻的测量

放大器输出电阻 R_o 的大小能够说明该放大器承受负载的能力。R_o 越小，放大器输出等效电路越接近于恒压源，带负载的能力越强。R_o 的测量也为后级电路设计提供条件。按图 2.4 所示电路，在放大器正常工作的条件下，测出输出端不接负载 R_L 的输出电压 U_o 和接入负载后的输出电压 U_{oL}，根据

$$U_{oL} = \frac{R_L}{R_o + R_L} U_o$$

即可求出 R_o 为

$$R_o = \left(\frac{U_o}{U_{oL}} - 1 \right) R_L$$

注意，在测试中必须保持 R_L 接入前、后输入信号大小不变。

（4）最大不失真输出电压 U_{OPP} 的测量（最大动态范围）

如上所述，为了得到最大动态范围，应将静态工作点调在交流负载线的中点。为此在放大器正常工作的情况下，逐步增大输入信号幅度，并同时调节 R_W（改变静态工作点），用示波器观察 U_o，当输出波形同时出现削底和缩顶现象时，说明静态工作点已调在交流负载线的中点。然后反复调整输入信号，使输出波形幅度最大，且无明显失真时，用毫伏表测出 U_o（有效值），则动态范围等于 $2\sqrt{2}U_o$ 或直接用示波器读出 U_{OPP}。

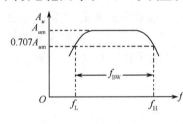

图 2.5　幅频特性曲线

（5）放大器幅频特性的测量

放大器的幅频特性是指放大器的电压放大倍数 A_u 与输入信号频率 f 之间的关系曲线。单管阻容耦合放大电路的幅频特性曲线如图 2.5 所示，A_{um} 为中频电压放大倍数，通常规定电压放大倍数随频率变化下降到中频放大倍数的 $1/\sqrt{2}$ 倍，即 $0.707A_{um}$ 所对应的频率分别称为上限频率 f_H 和下限频率 f_L，则通频带为

$$f_{BW} = f_H - f_L$$

放大器的幅率特性就是测量不同频率信号时的电压放大倍数 A_u。为此，可采用前述测量 A_u 的方法，每改变一个信号频率，测量其相应的电压放大倍数，测量时应注意取点要恰当，在低频段与高频段应多测几点，在中频段可以少测几点。此外，在改变频率时，要保持输入信号的幅度不变，且输出波形不失真。

三、实验仪器

● 数字示波器　　　　1台
● 信号发生器　　　　1台
● 毫伏表　　　　　　1只
● 模拟电路实验箱　　1台
● 万用表　　　　　　1只

四、实验内容

按图 2.1 接好电路。将仪器和实验电路正确地连接起来,如图 2.6 所示。为了防止干扰,各仪器的地线必须连接在一起。

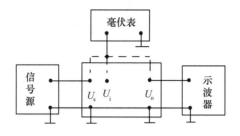

图 2.6　仪器连接图

1. 测量静态工作点

(1) 调节信号发生器,使 $U_i=5\text{mV}$(用毫伏表测量),$f=1\text{kHz}$,在 $R_L=\infty$ 时用示波器观察输出端 U_o 的波形,反复调节 R_{b1} 以改变静态工作点的位置,得到输出波形既无饱和失真又无截止失真的最大不失真状态(饱和失真刚好消失)。断开输入信号,用万用表测量静态参数,将数据填入表 2.1 中。

表 2.1　静态工作点实验数据记录表

测　量　值			测　算　值	
$U_{BE}(V)$	$V_C(V)$	$V_E(V)$	$U_{CE}(V)$	$I_C(mA)$

2. 测量电压放大倍数

在上述静态条件下,加输入信号 $U_i=5\text{mV}$,$f=1\text{kHz}$,在下述 3 种情况下,用毫伏表测量 U_o 的值并记入表 2.2 中,同时用数字示波器观察 U_i 和 U_o 的相位关系。

表 2.2　电压放大倍数实验数据记录表

$R_c(k\Omega)$	$R_L(k\Omega)$	$U_o(V)$	A_u
4.7	∞		
2.4	∞		
4.7	4.7		

3. 测量输入电阻和输出电阻

置 $R_c=4.7\text{k}\Omega$,$R_L=4.7\text{k}\Omega$,调节信号发生器使其产生 $U_i=5\text{mV}$,$f=1\text{kHz}$ 的正弦信号,用毫伏表测出 U_s、U_i 和 U_{oL} 并记入表 2.3 中。保持 U_i 不变,断开 R_L,测量输出电压 U_o,记入表 2.3 中,根据测量结果计算 R_i 和 R_o 的值。

表 2.3　输入、输出电阻实验数据记录表

$U_s(mV)$	$U_i(mV)$	$R_i(k\Omega)$	$U_{oL}(V)$	$U_o(V)$	$R_o(k\Omega)$
	5				

4. 观察静态工作点对输出波形失真的影响

置 $R_c=4.7\text{k}\Omega$, $R_L=4.7\text{k}\Omega$, $U_i=0$, 调节 R_{b1} 使 $V_E=1.5\text{V}$($I_C=1.5\text{mA}$)，测出 U_{CE} 的值再逐步加大输入信号，使输出电压 U_o 足够大但不失真。然后保持输入信号不变，分别增大和减小 R_{b1}，使波形出现失真，绘出 u_o 波形，并测出失真情况下的 I_C 和 U_{CE} 值，把结果记入表 2.4 中(注意：测量 I_C 和 U_{CE} 值时，将信号发生器断开)。

表 2.4　R_{b1} 对静态工作点动态影响的实验结果记录表

$I_C(\text{mA})$	$U_{CE}(\text{V})$	u_o 波形	失真情况	晶体管状态
1.5				

5. 测量最大不失真输出电压

置 $R_c=4.7\text{k}\Omega$, $R_L=4.7\text{k}\Omega$，按照测量最大不失真输出电压的实验原理，同时调节 R_{b1} 和输入信号的幅度，用示波器测量 U_{OPP} 和 U_o，记入表 2.5 中。

表 2.5　测量最大不失真输出电压记录表

$I_C(\text{mA})$	$U_{im}(\text{mV})$	$U_{om}(\text{V})$	$U_{OPP}(\text{V})$

6. 测量幅频特性曲线

取 $R_c=4.7\text{k}\Omega$, $R_L=4.7\text{k}\Omega$，保持输入信号 $U_i=5\text{mV}$ 幅度不变，改变信号源频率 f，逐点测出相应的输出电压 U_o，记入表 2.6 中。为了使信号源频率 f 取值合适，可先粗测一下，找出中频范围，然后再仔细读数。表 2.6 中的 f_0 为输出电压最大时所对应的频率点。

表 2.6　测量幅频特性的实验数据记录表

	f_L	f_0	f_H
$f(\text{kHz})$			
$U_o(\text{V})$			
A_u			

五、预习要求

(1) 阅读教材中有关单管放大电路的内容并估算实验电路的性能指标。假设：晶体管 9013 的 β 值为 100，$R_{b1}=82\text{k}\Omega$, $R_{b2}=20\text{k}\Omega$, $R_c=4.7\text{k}\Omega$, $R_L=4.7\text{k}\Omega$。

(2) 能否用直流电压表直接测量晶体管的 U_{CE}？为什么实验中要采用测 V_C 和 V_E，再间接计算 U_{CE} 的方法？

(3) 当改变偏置电阻 R_{b1}，放大器输出波形出现饱和或截止失真时，晶体管压降 U_{CE} 怎样变化？

(4) 改变静态工作点对放大器的输入电阻 R_i 是否有影响？改变外接电阻 R_L 对输出电阻 R_o 是否有影响？

六、实验报告

(1) 整理实验数据，进行必要的计算，列出表格，画出必要的波形。

（2）讨论 R_{b1}，R_c 和 R_L 的变化对静态工作点、电压增益及电压波形的影响。

（3）讨论为提高放大器电压增益应采取哪些方法。

（4）讨论静态工作点对放大器输出波形的影响。

七、设计性实验

1. 实验目的

掌握共射放大电路元器件参数的计算与选择，并调试电路和测试放大电路的各项性能指标。

2. 设计题目

图 2.7 所示为固定偏置的共射放大电路的原理图。已知参数如下：$V_{CC}=12V$，$C_1=C_2=C_e=47\mu F$，晶体管为 9013，$\beta=100$，要求静态工作点 $I_{CQ}\geqslant 1mA$，$U_{CEQ}\geqslant 3V$，$A_u=100$，$R_i=2k\Omega$，$R_o=5.1k\Omega$。

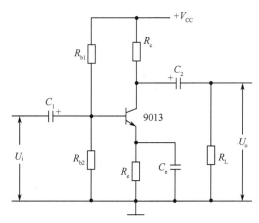

图 2.7　共射放大电路的原理图

3. 实验内容及要求

（1）根据设计要求确定 R_{b1}、R_{b2}、R_c 和 R_e 的值，并按图 2.7 连接好实验电路。

（2）按设计要求调试放大电路的静态工作点，并分析电路参数 V_{CC}、R_e、R_c、R_{b1} 和 R_{b2} 的变化对静态工作点的影响，总结其规律。

（3）观察静态工作点变动时对输出波形和放大倍数的影响。

（4）测量所设计电路的电压放大倍数、输入电阻、输出电阻、通频带和动态范围。

实验 3 射极跟随器

一、实验目的

(1) 掌握射极跟随器的特性及测试方法。

(2) 进一步掌握放大器各项参数的测试方法。

二、实验原理

图 3.1 所示为射极跟随器(共集电极放大器)的原理图。由交流通路可见,三极管的负载接在发射极,其输入电压加在基极和地之间,而输出电压取自于发射极和地之间(集电极为交流地),所以集电极为输入、输出信号的公共端。

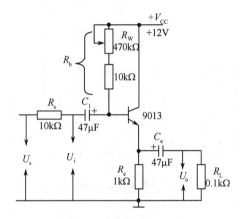

图 3.1 射极跟随器实验电路

射极跟随器是一个电压串联负反馈放大电路,具有输入阻抗高,输出阻抗低,输出电压能够在较大范围内跟随输入电压做线性变化及输入、输出信号同相等特点。

1. 电压放大倍数 A_u 接近于 1

$$A_u = \frac{U_o}{U_i} = \frac{(1+\beta)(R_e /\!/ R_L)}{r_{be} + (1+\beta)(R_e /\!/ R_L)}$$

一般 $(1+\beta)(R_e /\!/ R_L) \gg r_{be}$,故射极跟随器的电压放大倍数接近 1 而略小于 1,这是深度电压负反馈的结果。但它的射极电流比基极电流大 β 倍,所以它具有一定的电流和功率放大作用。输出电压和输入电压同相,具有良好的跟随特性。

2. 输入电阻 R_i 高

根据图 3.1 所示电路得

$$R_i = r_{be} + (1+\beta)R_e$$

如果考虑偏置电阻 R_b 和 R_L 负载的影响,则

$$R_i = R_b /\!/ [r_{be} + (1+\beta)(R_e /\!/ R_L)]$$

由上式可知,射极跟随器的输入电阻 R_i 比共射极单管放大器的输入电阻要高得多。输入电阻的测试方法同实验二中输入电阻的测试方法。

3. 输出电阻 R_o 低

在图 3.1 电路中，输出电阻为

$$R_o = \frac{r_{be}}{1+\beta} /\!/ R_e \approx \frac{r_{be}}{1+\beta}$$

如果考虑信号源内阻 R_s 和偏置电阻 R_b，则

$$R_o = \frac{r_{be} + (R_s /\!/ R_b)}{1+\beta} /\!/ R_e \approx \frac{r_{be} + (R_s /\!/ R_b)}{1+\beta}$$

由上式可知射极跟随器的输出电阻 R_o 比共射极单管放大器的输出电阻 $R_o \approx R_c$ 小得多。输出电阻的测试方法同实验二中输出电阻的测试方法。

由于射极跟随器的以上特点，使它在电子线路中得以广泛应用。它的输入电阻大而被广泛用于测量仪器的输入级，以减小对被测电路的影响；输出电阻小而常用于多级放大器的输出级，以增强末级带负载的能力；利用其输入电阻大而输出电阻小的特点，又常用它作为中间缓冲级，以达到级间阻抗变换的目的。

三、实验仪器
- 数字示波器　　　　　1 台
- 信号发生器　　　　　1 台
- 毫伏表　　　　　　　1 只
- 模拟电路实验箱　　　1 台
- 万用表　　　　　　　1 只

四、实验内容

1. 实验仪器的连接

按图 3.1 接好电路，将仪器和实验电路按图 3.2 正确地连接起来。

2. 测量电路的静态工作点

调节信号发生器，使 $U_i = 0.1V$（用毫伏表测量），$f = 1kHz$，接上负载 R_L，调节 R_w，输出端用示波器观察波形不失真，然后置 $U_i = 0$，用万用表的直流电压挡测量静态工作点，将测量结果记入表 3.1。在整个测试过程中，应保持 R_b 值不变（I_E 不变）。

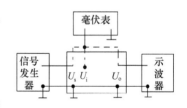

图 3.2　实验仪器连接图

表 3.1　静态工作点数据记录表

U_{BE}(V)	V_E(V)	$U_{CE} = V_{CC} - V_E$(V)	$I_C \approx V_E/R_e$(mA)

3. 测量电压放大倍数 A_u

在上述静态条件下，调节信号发生器使 $U_i = 0.1V$（用毫伏表测量），$f = 1kHz$，接上负载 R_L，用交流毫伏表测 U_{oL}，记入表 3.2。

表 3.2 电压放大倍数数据记录表

U_i(V)	U_{oL}(V)	$A_u=U_{oL}/U_i$
0.1		

4. 测量输出电阻 R_o

在上述条件下,断开负载 R_L,用毫伏表测量 U_o,记入表 3.3。

表 3.3 输出电阻数据记录表

U_i(V)	U_o(V)	$R_o=(U_o/U_{oL}-1)R_L$
0.1		

5. 测量输入电阻 R_i

在上述静态条件下,调节信号发生器,使 $U_i=0.1V$,测量 U_s,记入表 3.4。

表 3.4 输入电阻数据记录表

U_s(V)	U_i(V)	$R_i=U_i/(U_s-U_i)\times R_s$
	0.1	

6. 测试跟随特性

接入负载 R_L,调节信号发生器使 U_i 的 $f=1kHz$,逐步增大信号幅度,用示波器监视输出波形直至输出波形达到最大不失真,测量对应的 U_{oL} 值,记入表 3.5。

表 3.5 跟随特性数据记录表

U_i(V)	
U_{oL}(V)	

7. 测试频率响应特性

输入信号 $U_i=0.1V$,并保持不变,改变输入信号频率,用示波器监视输出波形,用交流毫伏表测量不同频率下的输出电压 U_o 值,记入表 3.6。

表 3.6 幅频特性实验数据记录表

	f_L	f_0	f_H
f(kHz)			
U_o(V)			
A_u			

五、预习要求

(1)复习射极跟随器的工作原理及其特点。

(2)根据图 3.1 估算射极跟随器的静态工作点、电压放大倍数及输入、输出电阻。

六、实验报告

(1)画出实验电路。

(2)将实验数据列成表格,与计算值进行比较。

七、设计性实验

1. 实验目的

掌握射极跟随器元器件参数的计算与选择,并调试电路和测试放大电路的各项性能指标。

2. 设计题目

图 3.3 所示为射极跟随器电路原理图。已知参数如下:$R_L = 100\Omega$,晶体管为 9013,其 $\beta = 100$,要求输出电压 $U_o \geq 3V$。

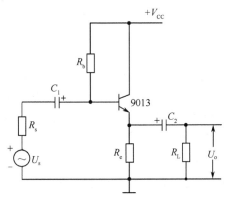

图 3.3　射极跟随器设计电路

3. 实验内容及要求

(1) 根据设计要求确定 V_{CC}、R_e、R_b 和 R_s 的值,并检验所给晶体管参数是否满足电路设计要求。

(2) 根据所选定的元器件参数估算电压放大倍数和电压跟随范围。

(3) 按图 3.3 连接好实验电路,进行动态调试使电路满足设计要求。

实验 4   场效应管放大器

一、实验目的
（1）了解结型场效应管的性能和特点。
（2）掌握场效应管放大电路静态和动态参数的测试方法。

二、实验原理

场效应管是一种电压控制型器件。按结构可分为结型和绝缘栅型两种类型。由于场效应管栅源之间处于绝缘或反向偏置，所以输入电阻很高（一般达上百兆欧），又由于场效应管是一种多数载流子控制器件，因此热稳定性好，抗辐射能力强，噪声系数小；加之制造工艺简单，便于大规模集成，因此得到越来越广泛的应用。

1. 结型场效应管的特性和参数

场效应管的特性主要有输出特性和转移特性。图 4.1 所示为 N 沟道结型场效应管 3DJ6F 的输出特性和转移特性曲线。其直流参数主要有饱和漏极电流 I_{DSS}、夹断电压 U_P 等；交流参数主要有低频跨导

$$g_m = \frac{\Delta I_D}{\Delta U_{GS}} \bigg|_{U_{DS}=常数}$$

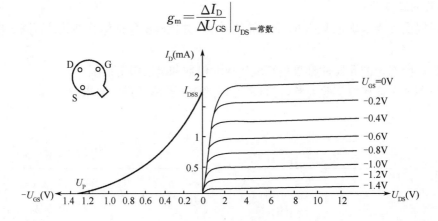

图 4.1   3DJ6F 的输出特性和转移特性曲线

表 4.1 列出了 3DJ6F 的典型参数值及测试条件。

表 4.1   3DJ6F 的典型参数值及测试条件

参数名称	饱和漏极电流 I_{DSS}(mA)	夹断电压 U_P(V)	跨导 $g_m(\mu A/V)$
测试条件	$U_{DS}=10V$ $U_{GS}=0V$	$U_{DS}=10V$ $I_{DS}=50\mu A$	$U_{DS}=10V$ $I_{DS}=3mA$ $f=1kHz$
参数值	1～3.5	<|-9|	>100

2. 场效应管放大器性能分析

图 4.2 所示为结型场效应管组成的共源极放大电路。其静态工作点

$$U_{GS} = U_G - U_S = \frac{R_{g1}}{R_{g1} + R_{g2}} V_{DD} - I_D R_S$$

$$I_D = I_{DSS} \left(1 - \frac{U_{GS}}{U_P} \right)^2$$

中频电压放大倍数为

$$A_u = -g_m R_L' = -g_m (R_D /\!/ R_L)$$

输入电阻为

$$R_i = R_G + R_{g1} /\!/ R_{g2}$$

输出电阻为

$$R_o \approx R_D$$

式中,跨导 g_m 可用下面公式计算

$$g_m = -\frac{2I_{DSS}}{U_P} \left(1 - \frac{U_{GS}}{U_P} \right)$$

注意:计算时 U_{GS} 要用静态工作点处的数值。

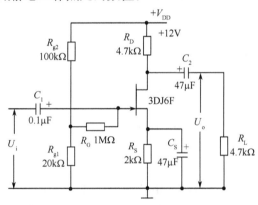

图 4.2 结型场效应管共源极放大电路

3. 输入电阻的测量方法

场效应管放大器的静态工作点、电压放大倍数和输出电阻的测量方法,与实验二中晶体管放大器的测量方法相同。其输入电阻的测量,从原理上讲,也可采用实验二中所用的方法,但由于场效应管的 R_i 比较大,如果直接测量输入电压 U_s 和 U_i,则限于测量仪器的输入电阻有限,必然会带来较大的误差。因此为了减小误差,常利用被测放大器的隔离作用,通过测量输出电压 U_o 来计算输入电阻。测量电路如图 4.3 所示,S_2 断开,在放大器的输入端串入电阻 R,合上开关 S_1(即 $R=0$),测量放大器的输出电压 $U_{o1} = A_u \times U_s$;保持 U_s 不变,再把开关 S_1 断开(即接入 R),测量放大器的输出电压 U_{o2},由于两次测量中 A_u 和 U_s 保持不变,故

$$U_{o2} = A_u U_i = \frac{R_i}{R + R_i} U_s A_u$$

由此可以求出

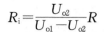

$$R_i = \frac{U_{o2}}{U_{o1} - U_{o2}} R$$

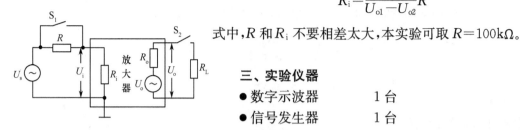

图 4.3　输入、输出电阻测量电路

式中,R 和 R_i 不要相差太大,本实验可取 $R=100\text{k}\Omega$。

三、实验仪器

● 数字示波器	1 台
● 信号发生器	1 台
● 毫伏表	1 只
● 模拟电路实验箱	1 台
● 万用表	1 只

四、实验内容

1. 测量电路的静态工作点

(1) 按图 4.2 连接实验电路,注意电容的极性不要接反,场效应管的 G、D、S 极要连接正确,最后连接电源线。

(2) 仔细检查连接好的电路,确认无误后,接通直流电源。

(3) 按表 4.2 用万用表测量各静态电压值,将结果记入表 4.2 中。

表 4.2　静态工作点的实验数据记录表

测　量　值			测　算　值			计　算　值		
V_G(V)	V_S(V)	V_D(V)	U_{DS}(V)	U_{GS}(V)	I_D(mA)	U_{DS}(V)	U_{GS}(V)	I_D(mA)

2. 电压增益、输入电阻、输出电阻的测量

将信号发生器接在 U_i 端,用示波器观察输出电压波形,用毫伏表测量输入电压 U_i 和输出电压 U_o。

(1) A_u 和 R_o 的测量

在放大器的输入端加入 $f=1\text{kHz}$ 的正弦波信号,$U_i=50\text{mV}$,并用示波器监视输出电压 U_o 的波形。在输出电压 U_o 没有失真的条件下,用毫伏表分别测量 $R_L=\infty$ 和 $R_L=4.7\text{k}\Omega$ 的输出电压 U_o(注意:U_i 保持不变),记入表 4.3。

表 4.3　A_u 和 R_o 测量数据记录表

R_L	测　量　值				计　算　值	
	U_i(V)	U_o(V)	A_u	R_o(kΩ)	A_u	R_o(kΩ)
∞						
4.7kΩ						

用示波器同时观察 U_i 和 U_o 的波形,描绘出来并分析它们的相位关系。

(2) R_i 的测量

调节信号发生器使 $U_s=50\text{mV}$,$f=1\text{kHz}$,将开关 S_1 合上,S_2 断开,测出 $R=0$ 时的输出电压 U_{o1},然后再将开关 S_1 断开,U_s 保持不变,再测出 U_{o2},根据公式 $R_i = \dfrac{U_{o2}}{U_{o1} - U_{o2}} R$ 求出 R_i,把结果记入表 4.4。

表 4.4 R_i 测量数据记录表

测量值			计算值
$U_{o1}(V)$	$U_{o2}(V)$	$R_i(k\Omega)$	$R_i(k\Omega)$

五、预习要求

（1）复习有关场效应管的内容，了解放大器输入、输出电阻的测量方法，掌握本实验中使用的测试方法。

（2）场效应管放大器输入回路中的电容 C_1 为什么可取得小一点（可以取 $C_1 = 0.1\mu F$）？

（3）为什么测场效应管输入电阻时要用测输出电压的方法？

（4）测静态工作点电压 U_{GS} 时，能否用万用表直接并在两端测量？为什么？

六、实验报告

（1）整理实验数据，将测得的 A_u、R_i、R_o 和理论计算值进行比较。

（2）把场效应管放大器与晶体管放大器进行比较，总结出场效应管放大器的特点。

七、设计性实验

1. 实验目的

掌握场效应晶体管放大电路元器件参数的计算与选择，并调试电路和测试放大电路的各项性能指标。

2. 设计题目

试分析图 4.4 所示共源极场效应晶体管放大电路。已知：$V_{DD} = 24V$，$R_D = 3.9k\Omega$，$R_G = 2.5M\Omega$，$R_S = 47\Omega$，$C_1 = 0.01\mu F$，$C_2 = C_S = 47\mu F$，场效应晶体管采用 3DJ6F，其夹断电压 $U_P = -3.2V$，漏极饱和电流 $I_{DSS} = 5mA$。

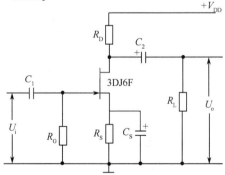

图 4.4 共源极场效应晶体管放大电路

3. 实验内容及要求

（1）估算电路静态工作点：I_D、U_{GS}、U_{DS} 和电压放大倍数 A_u、跨导 g_m。

（2）确定 $R_S = 47\Omega$ 和 $R_S = 500\Omega$ 两种情况下电路所处的工作状态，选择其中一种合适状态作为电路的源极电阻。

（3）按图 4.4 连接好实验电路，测量电路的静态工作点、电压放大倍数和跨导，将实际测量值和理论值进行比较，分析误差的原因。

实验 5 差动放大器

一、实验目的
(1) 加深对差动放大器性能及特点的理解。
(2) 学习差动放大器主要性能指标的测试方法。

二、实验原理
图 5.1 所示为差动放大器的基本结构。它由两个元器件参数相同的基本共射放大电路组成,构成典型的差动放大器。调零电位器 R_W 用来调节 VT_1、VT_2 管的静态工作点,使得输入信号 $U_i = 0$,双端输出电压 $U_o = 0$。R_e 为两管公用的发射极电阻,它对差模信号无负反馈作用,因而不影响差模电压放大倍数,但对共模信号有较强的负反馈作用,故可以有效地抑制零漂,稳定静态工作点。

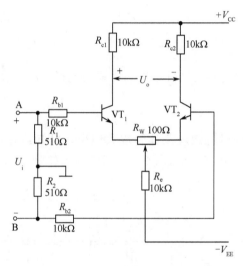

图 5.1 差动放大电路

1. 静态工作点的估算

$$I_E \approx \frac{V_{EE} - U_{BE}}{R_e} \text{(认为 } V_{B1} = V_{B2} \approx 0)$$

$$I_{C1} = I_{C2} = \frac{1}{2} I_{R_e}$$

2. 差模电压放大倍数和共模电压放大倍数

当差模放大器的射极电阻 R_e 足够大,或采用恒流源电路时,差模电压放大倍数 A_d 由输出端方式决定,而与输入方式无关。

R_W 在中心位置时,有

$$A_\mathrm{d} = \frac{\Delta U_\mathrm{o}}{\Delta U_\mathrm{i}} = -\frac{\beta R_\mathrm{c}}{R_\mathrm{b} + r_\mathrm{be} + \frac{1}{2}(1+\beta)R_\mathrm{W}}$$

单端输出

$$A_\mathrm{d1} = \frac{\Delta U_\mathrm{C1}}{\Delta U_\mathrm{i}} = \frac{1}{2}A_\mathrm{d} \qquad A_\mathrm{d2} = \frac{\Delta U_\mathrm{C2}}{\Delta U_\mathrm{i}} = -\frac{1}{2}A_\mathrm{d}$$

当输入共模信号时,若为单端输出,则有

$$A_\mathrm{c1} = A_\mathrm{c2} = \frac{\Delta U_\mathrm{C1}}{\Delta U_\mathrm{i}} = \frac{-\beta R_\mathrm{c}}{R_\mathrm{b} + r_\mathrm{be} + (1+\beta)\left(\frac{1}{2}R_\mathrm{W} + 2R_\mathrm{e}\right)} \approx -\frac{R_\mathrm{c}}{2R_\mathrm{e}}$$

若为双端输出,在理想情况下

$$A_\mathrm{c} = \frac{\Delta U_\mathrm{o}}{\Delta U_\mathrm{i}} = 0$$

实际上由于元器件不可能完全对称,因此 A_c 不可能等于零。

3. 共模抑制比 CMRR

为了表征差动放大器对有用信号(差模信号)的放大作用和对共模信号的抑制能力,通常用一个综合指标来衡量,即共模抑制比 CMRR

$$\mathrm{CMRR} = \left|\frac{A_\mathrm{d}}{A_\mathrm{c}}\right| \quad \text{或} \quad \mathrm{CMRR} = 20\log\left|\frac{A_\mathrm{d}}{A_\mathrm{c}}\right| \ (\mathrm{dB})$$

差动放大器的输入信号可采用直流信号,也可以采用交流信号。本实验的输入信号频率 $f = 1\mathrm{kHz}$。

三、实验仪器
- 数字示波器　　　　　1 台
- 信号发生器　　　　　1 台
- 毫伏表　　　　　　　1 只
- 模拟电路实验箱　　　1 台
- 万用表　　　　　　　1 只

四、实验内容
按图 5.1 连接实验电路,检查无误后接通 ±12V 电源。

1. 测量静态工作点

(1) 调节放大器零点

信号放大器不接入,将放大器输入端 A、B 与地短接,用万用表的直流电压挡测量输出电压 U_o,调节调零电位器 R_W,使 $U_\mathrm{o} = 0$。调节要仔细,力求准确。

(2) 测量静态工作点

零点调好以后,用万用表的直流电压挡测量 VT_1、VT_2 管各电极对地电位及射极电阻 R_e 两端电压 U_{R_e},记入表 5.1。

表 5.1　静态工作点测量数据记录表

测量值	U_{BE1}(V)	V_{C1}(V)	V_{E1}(V)	U_{BE2}(V)	V_{C2}(V)	V_{E2}(V)	U_{R_e}(V)

2. 测量差模电压放大倍数

断开直流电源，将信号发生器的输出端接放大器输入端 A，地端接放大器输入端 B，构成双端输入方式（注意：此时信号源浮地），调节输入信号频率 $f=1\text{kHz}$ 的正弦信号，输出旋钮旋至零，用示波器监视输出端（集电极 C_1 或 C_2 与地之间）。

接通 $\pm 12\text{V}$ 直流电源，逐渐增大输入电压 U_i（约 100mV），在输出波形无失真的情况下，用交流毫伏表测 U_i，U_{C1}，U_{C2}，记入表 5.2 中，并观察 U_i，U_{C1}，U_{C2} 之间的相位关系及 U_{R_e} 随 U_i 改变而变化的情况（若测 U_i 时有浮地干扰，可分别测 A 点和 B 点对地间的电压，两者之差为 U_i）。

表 5.2 差模电压放大倍数测量数据记录表

	U_i	U_{C1} (V)	U_{C2} (V)	$A_d=\dfrac{U_o}{U_i}$	$A_c=\dfrac{U_o}{U_i}$	CMRR$=\left|\dfrac{A_d}{A_c}\right|$
双端输入	100mV				—	
共模输入	1V			—		

3. 测量共模电压放大倍数

将放大器的 A、B 两端短接，信号发生器接 A 端与地之间，构成共模输入方式，调节输入信号 $f=1\text{kHz}$，$U_i=1\text{V}$，在输出电压无失真的情况下，测量 U_{C1}，U_{C2} 的值，并记入表 5.2，并观察 U_i，U_{C1}，U_{C2} 之间的相位关系及 U_{R_e} 随 U_i 改变而变化的情况。

五、预习要求

(1) 根据实验电路参数，估算典型差动放大器的静态工作点及差模电压放大倍数（取 $\beta_1=\beta_2=100$）。

(2) 测量静态工作点时，放大器输入端 A、B 与地应如何连接？

(3) 实验中怎样获得双端和单端输入差模信号？怎样获得共模信号？画出 A、B 端与信号源之间的连接图。

(4) 怎样调节放大器零点？用什么仪表测 U_o？

(5) 怎样用交流毫伏表测双端输出电压 U_o？

六、实验报告

(1) 整理实验数据，列表比较实验结果和理论估算值，分析误差原因。

① 静态工作点和差模电压放大倍数。

② 典型差动放大电路单端输出时 CMRR 的实测值与理论值比较。

③ 典型差动放大电路单端输出时 CMRR 的实测值与具有恒流源的差动放大器 CMRR 的实测值比较。

(2) 比较 U_i，U_{C1} 和 U_{C2} 之间的相位关系。

(3) 根据实验结果，总结电阻 R_e 的作用。

七、设计性实验

1. 实验目的

通过实验了解差动放大电路元器件参数的计算和选择、电路调试方法及性能的测试方法，深刻掌握差动放大电路的结构特点和工作原理，理解共模抑制比的含义，掌握如何提高差动电路的共模抑制比。

2. 设计题目

恒流源差动放大电路如图 5.2 所示,已知电路的部分元器件参数如下:$R_3 = R_4 = R_{c1} = R_{c2} = 10\text{k}\Omega$,$R_1 = R_2 = 100\Omega$,$R_5 = 2.2\text{k}\Omega$,$R_W = 200\Omega$,$VT_1$、$VT_2$、$VT_3$ 都为 9013($\beta = 100$),$V_{CC} = 12\text{V}$,稳压管 VD_Z 采用 2CW16。要求差模电压放大倍数 $A_d \geqslant 6$,试确定 R_e 和 R_L 的值。

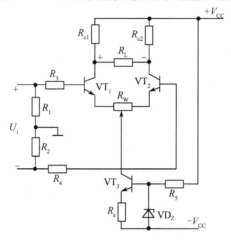

图 5.2　恒流源差动放大电路

3. 实验内容及要求

(1) 按照题目给定的要求,确定电路中 R_e 和 R_L 的值,计算过程要详细。

(2) 按图 5.2 连接实验电路,检查无误后接通直流电源。

(3) 测量电路的静态工作点和动态参数,满足设计要求。

(4) 自拟实验步骤和测试方法,分析实验结果,得出结论。

实验 6　负反馈放大器

一、实验目的

(1) 掌握电压串联负反馈放大电路性能、指标的测试方法。

(2) 通过实验了解电压串联负反馈对放大电路性能、指标的影响。

(3) 掌握负反馈放大电路频率特性的测试方法。

二、实验原理

负反馈在电子电路中有着非常广泛的应用。虽然负反馈使放大器的放大倍数降低，但它在多方面改善放大器的动态参数，如稳定放大倍数，改善输入、输出电阻，减小非线性失真和展宽通频带等。因此，几乎所有的实用放大器都带有负反馈。

负反馈放大器有 4 种组态，即电压串联负反馈、电压并联负反馈、电流串联负反馈、电流并联负反馈。本实验以电压串联负反馈为例，分析负反馈对放大器各项性能指标的影响。

1. 带有负反馈的两级阻容耦合放大电路

图 6.1 所示为带有负反馈的两级阻容耦合放大电路，在电路中通过电阻 R_f 把输出电压 U_o 引回到输入端，加在晶体管 VT_1 的发射极上，在发射极电阻 R_{f1} 上形成反馈电压 U_f。根据反馈的判断方法可知，它属于电压串联负反馈。

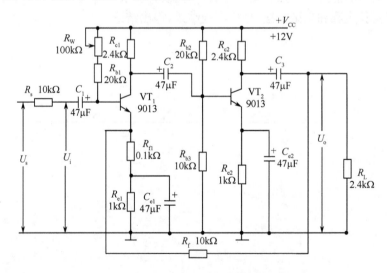

图 6.1　两级电压串联负反馈实验电路

(1) 闭环电压放大倍数 A_{uf}

$$A_{uf}=\frac{A_u}{1+A_uF_u}$$

式中，$A_u=U_o/U_i$ 为基本放大器(无反馈)的电压放大倍数，即开环电压放大倍数；$1+A_uF_u$ 为反馈深度，其大小决定了负反馈对放大器性能改善的程度。

（2）反馈系数 F_u

$$F_u = \frac{R_{f1}}{R_f + R_{f1}}$$

（3）输入电阻 R_{if}

$$R_{if} = (1 + A_u F_u) R_i$$

式中，R_i 为基本放大器的输入电阻（不包括偏置电阻）。

（4）输出电阻 R_{of}

$$R_{of} = \frac{R_o}{1 + A_{uo} F_u}$$

式中，R_o 为基本放大器的输出电阻；A_{uo} 为基本放大器 $R_L = \infty$ 时的电压放大倍数。

2. 基本放大电路的动态参数

本实验还需要测量基本放大器的动态参数，怎样实现无反馈而得到基本放大器呢？不能简单地断开反馈支路，而是要去掉反馈作用，但又要把反馈网络的影响（负载效应）考虑到基本放大器中去。为此：

① 在画基本放大器的输入回路时，因为是电压负反馈，所以可将负反馈放大器的输出端交流短路，即令 $U_o = 0$，此时 R_f 相当于并联在 R_{f1} 上。

② 在画基本放大器的输出回路时，由于输入端是串联负反馈，因此需要将反馈放大器的输入端（VT_1 管的发射极）开路，此时 $R_{f1} + R_f$ 相当于并接在输出端。

根据上述规律，就可得到如图 6.2 所示的基本放大器。

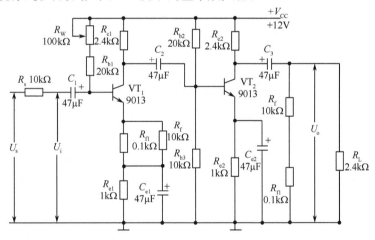

图 6.2 两级基本放大电路

三、实验仪器

- 数字示波器　　　　1 台
- 信号发生器　　　　1 台
- 毫伏表　　　　　　1 只
- 模拟电路实验箱　　1 台
- 万用表　　　　　　1 只

四、实验内容

1. 测量静态工作点

按图 6.2 连接实验电路,各仪器连接方法同实验二中的图 2.6。断开负载 R_L,调节信号发生器产生 $U_i = 1\text{mV}$、$f = 1\text{kHz}$ 的信号,调节 R_w,使输出波形不失真,断开信号发生器,用万用表的直流电压挡测量第一级、第二级的静态工作点,完成表 6.1。

表 6.1　测量静态工作点测量数据记录表

	测 量 值			测 算 值	
	$U_{BE}(V)$	$V_C(V)$	$V_E(V)$	$U_{CE}(V)$	$I_C(\text{mA})$
VT_1					
VT_2					

2. 测试基本放大器的各项性能指标

将实验电路按图 6.2 连接。

(1) 测量中频电压放大倍数 A_u、输入电阻 R_i 和输出电阻 R_o。

在上述静态条件下,保持 $U_i = 1\text{mV}$、$f = 1\text{kHz}$ 不变,用交流毫伏表测量 U_s、U_i、U_o 及接上负载时的 U_{oL} 的值,完成表 6.2。

表 6.2　电压放大倍数、输入电阻和输出电阻测量数据记录表

	U_s (mV)	U_i (mV)	U_{oL} (V)	U_o (V)	A_{uf}	R_{if} (kΩ)	R_{of} (kΩ)
基本放大器		1					
负反馈放大器		1					

(2) 测量通频带

接上负载 R_L,保持 U_i 不变,然后增加和减小输入信号的频率,找出上、下限频率 f_H 和 f_L,记入表 6.3。

表 6.3　通频带测量数据记录表

	f_H	f_L	$f_{BW} = f_H - f_L$
基本放大器			
负反馈放大器			

3. 测试负反馈放大器的各项性能指标

将实验电路变为图 6.1 所示的负反馈放大器。在"实验内容 1　测量静态工作点"的静态条件下,用"实验内容 2　测试基本放大器的各项性能指标"中的方法测量负反馈放大器的 A_{uf}、R_{if} 和 R_{of},记入表 6.2;测量 f_H 和 f_L,记入表 6.3。

4. 观察负反馈对非线性失真的改善

(1) 实验电路改接成基本放大器形式,在输入端加入正弦信号,输出端接示波器,逐步增大输入信号的幅度,使输出波形出现失真,记下此时的波形和输入、输出电压的幅度。

(2) 再将实验电路改接成负反馈放大器形式,增大输入信号的幅度,使输出电压幅度的大小与(1)相同,比较有反馈时输出波形的变化。

五、预习要求

(1) 复习教材中有关负反馈放大器的内容。

（2）按实验电路 6.1 估算放大器的静态工作点（$\beta=100, R_w + R_{b1}=100\text{k}\Omega$）。

（3）估算基本放大器的 A_u、R_i、R_o；估算负反馈放大器的 A_{uf}、R_{if} 和 R_{of}，并验算它们之间的关系。

（4）怎样把负反馈放大器改接成基本放大器？为什么要把 R_f 并接在输入和输出端？

六、实验报告

（1）将基本放大器和负反馈放大器的实测值和理论值列表进行比较。

（2）根据实验结果，总结电压串联负反馈对放大器性能的影响。

（3）若按深度负反馈估算，则闭环电压放大倍数 $A_{uf}=$？ 和测量值是否一致？

（4）若输入信号存在失真，能否用负反馈来改善？

（5）怎样判断放大器是否存在自激振荡？如何进行消振？

实验 7　集成运放在模拟运算方面的应用

一、实验目的
（1）掌握集成运算放大器组成的基本运算电路的运算关系。
（2）掌握集成运算放大器的正确使用方法。
（3）掌握集成运算比例电路的调试和实验方法，验证理论并分析结果。

二、实验原理
集成运算放大器是一种具有高电压放大倍数的直接耦合多级放大电路，当外部接入不同的线性或非线性元件组成输入和负反馈电路时，可以灵活地实现各种特定的函数关系。在线性应用方面，可以组成比例、加法、减法、积分、微分、对数等模拟运算电路。

本实验中采用的集成运放型号为 OP07，引脚排列如图 7.1 所示。它为八脚双列直插式组件，其引脚分别为：

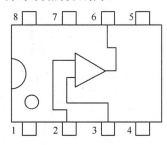

图 7.1　OP07 引脚图

② 脚，反相输入端；
③ 脚，同相输入端；
⑥ 脚，输出端；
⑦ 脚，正电源端；
④ 脚，负电源端；
① 脚和 ⑧ 脚，偏置平衡（调零端）端；
⑤ 脚为空脚。

OP07 芯片是一种低噪声，非斩波稳零的双极性（双电源供电）运算放大器集成电路。由于 OP07 具有非常低的输入失调电压，所以 OP07 在很多应用场合不需要额外的调零措施。OP07 同时具有输入偏置电流低和开环增益高的特点，这种低失调、高开环增益的特性使得 OP07 特别适用于高增益的测量设备和放大传感器的微弱信号等方面。OP07 运算放大器的主要参数见表 7.1。

表 7.1　OP07 的性能参数

电源电压	$\pm 3V$ 至 $\pm 18V$	开环电压增益 A_{uo}	106dB
输入失调电压 U_{IO}	$75\mu V$	单位增益带宽积 $A_u \cdot BW$	0.6MHz
输入失调电流 I_{IO}	1.8nA	转换速率 S_R	$0.3V/\mu s$
输入电阻 R_i	$33M\Omega$	共模抑制比 CMRR	120dB
输出电阻 R_o	60Ω	输入电压范围	$\pm 14V$

1. 反相比例运算电路
电路如图 7.2 所示，对于理想运放，该电路的输出电压与输入电压之间的关系为

$$U_o = -\frac{R_F}{R_1}U_i$$

为了减小输入级偏置电流引起的运算误差，在同相端应接入平衡电阻 $R_2 = R_1 \parallel R_F$。

2. 反相加法电路

电路如图 7.3 所示,输出电压与输入电压之间关系为(其中 $R_3 = R_1 /\!/ R_2 /\!/ R_F$)

$$U_o = -\left(\frac{R_F}{R_1}U_{i1} + \frac{R_F}{R_2}U_{i2}\right)$$

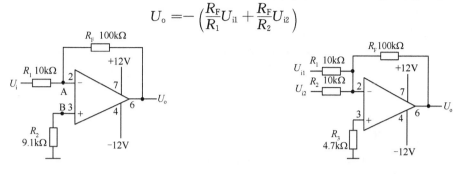

图 7.2 反相比例运算电路　　　　　图 7.3 反相加法电路

3. 同相比例运算电路

图 7.4(a) 所示为同相比例运算电路,它的输出电压与输入电压之间关系为

$$U_o = \left(1 + \frac{R_F}{R_1}\right)U_i$$

当 $R_1 = \infty$ 时,$U_o = U_i$,即得到如图 7.4(b) 所示的电压跟随器,图中 $R_2 = R_F$,用以减小漂移并起保护作用。一般 R_F 取 $10\text{k}\Omega$,R_F 太小起不到保护作用,太大会影响跟随性。

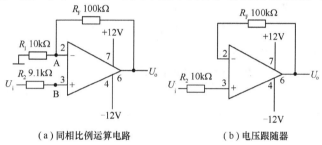

（a）同相比例运算电路　　　　　（b）电压跟随器

图 7.4 同相比例运算电路

4. 差动放大电路(减法器)

对于图 7.5 所示的减法电路,当 $R_1 = R_2$,$R_3 = R_F$ 时,有如下关系式

$$U_o = \frac{R_F}{R_1}(U_{i2} - U_{i1})$$

三、实验仪器

- 数字示波器　　　　　1 台
- 信号发生器　　　　　1 台
- 毫伏表　　　　　　　1 只
- 模拟电路实验箱　　　1 台
- 万用表　　　　　　　1 只

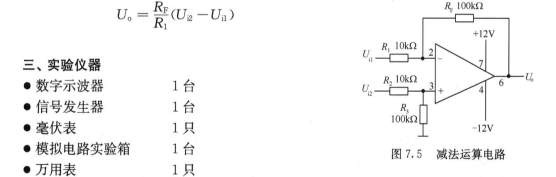

图 7.5 减法运算电路

四、实验内容

1. 反相比例运算电路

(1) 按图 7.2 连接实验电路。根据所选用的集成运算放大器的引脚功能,组装实验电路,

检查无误后接通电源。

（2）输入 $f=100\,\text{Hz}$，$U_i=0.2\text{V}$ 的正弦交流信号，测量相应的 U_o，并用示波器观察 U_o 和 U_i 的相位关系，记入表 7.2。

（3）观察 A、B 两点电压的大小，记入表 7.2。

表 7.2　反相比例运算电路测量数据记录表

U_i (V)	U_o (V)	U_A (V)	U_B (V)	A_u		U_i 波形	U_o 波形
				实测值	理论值		

2. 同相比例运算电路

（1）按图 7.4(a) 连接实验电路。实验步骤同上，将结果记入表 7.3。

（2）观察 A、B 两点电压的大小，记入表 7.3。

（3）将图 7.4(a) 中的 R_1 断开，得图 7.4(b) 电路，重复步骤（1）。

表 7.3　同相比例运算电路测量数据记录表

U_i (V)	U_o (V)	U_A (V)	U_B (V)	A_u		U_i 波形	U_o 波形
				实测值	理论值		

3. 反相加法运算电路

（1）按图 7.3 连接实验电路。

（2）取 $f=100\,\text{Hz}$ 的正弦信号，按图 7.6 所示的方法取得 U_{i1} 和 U_{i2}。测量 U_{i1}、U_{i2} 和 U_o 的值，记入表 7.4。

表 7.4　反相加法运算电路测量数据记录表

U_{i1} (V)	U_{i2} (V)	U_o(V)	
		实测值	理论值
0.2			

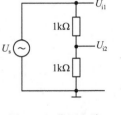

图 7.6　分压电路

4. 减法运算电路

（1）按图 7.5 连接实验电路。

（2）实验步骤同实验内容 3，记入表 7.5。

表 7.5　减法运算电路测量数据记录表

U_{i1} (V)	U_{i2} (V)	U_o(V)	
		实测值	理论值
0.2			

五、预习要求

（1）复习集成运放线性应用部分内容，并根据实验电路中各元器件的参数计算各电路输出电压的理论值。

（2）在反相加法器中，如 U_{i1} 和 U_{i2} 均采用直流信号，并选定 $U_{i2}=-1\text{V}$，当考虑到运算放大器的最大输出幅度（±12V）时，$|U_{i1}|$ 的大小不应超过多少？

（3）为了不损坏集成电路，实验中应注意什么问题？

六、实验报告

（1）画出实验电路，整理和分析实验数据，并与理论值进行比较，分析产生误差的原因。

（2）对集成运放 3 种输入方式的特点进行小结。

（3）分析讨论实验中出现的现象和问题。

七、设计性实验

1. 实验目的

掌握比例运算电路的设计方法。通过实验了解影响比例、求和运算电路精度的因素，进一步熟悉电路的特点和功能。

2. 设计题目

（1）设计一个数学运算电路，实现下列运算关系

$$U_\text{o} = 2U_{i1} + 2U_{i2} - 4U_{i3}$$

已知条件如下：$U_{i1} = 100 \sim 200\text{mV}$；$U_{i2} = 100 \sim 200\text{mV}$；$U_{i3} = 100 \sim 200\text{mV}$。

（2）A/D 变换器要求其输入电压的幅度为 $0 \sim +5\text{V}$，现有信号变化范围为 $-5 \sim +5\text{V}$，试设计一电平转换电路，将其变化范围变为 $0 \sim +5\text{V}$。

3. 实验内容及要求

（1）数学运算电路

① 根据题目设计要求选定电路和集成电路型号，并进行参数设计。

② 按照设计方案组装电路。

③ 根据已知条件，任选几组信号进行测试输入和输出，自拟表格。

④ 换用开环放大倍数更高的集成运放重复上述内容，并比较两种运放的运算误差，作出正确的结论。

（2）A/D 变换器

① 根据题目设计要求选定电路和集成电路型号，并进行参数设计。

② 按照设计方案组装电路。

③ 根据给定的条件，加入输入信号后测量输出信号并进行参数测试，并和理论值进行比较。

实验 8　集成运放在波形产生方面的应用

一、实验目的
(1) 了解运放在非线性方面的应用。
(2) 掌握利用集成运放构成正弦波、方波、三角波和锯齿波发生器的方法。

二、实验原理
本实验可采用 LM324 四运放集成电路,LM324 为 14 脚双列直插塑料封装。LM324 内部包含 4 组形式完全相同的运算放大器,除电源公用外,4 组运放相互独立。每一组运算放大器有 5 个引脚,其中,＋INPUT、－INPUT 为信号同相输入端和反相输入端,V+、V− 为正电源端和负电源端,OUTPUT 为输出端。LM324 引脚图如图 8.1 所示。

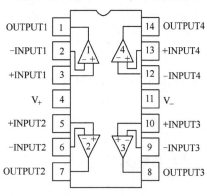

图 8.1　LM324 引脚图

LM324 四运放放大器是内含 4 个特性近似相同的高增益、内补偿放大器的单电源(也可以是双电源)运算放大器。电路可以在＋5V 或＋15V 下工作,功耗低,每个运放静态功耗约为 0.8mW,但驱动电流可达 40mA。

LM324 主要参数有:
- 电压增益 100dB;
- 单位增益带宽积 1MHz;
- 单电源工作范围 3～30V;
- 双电源工作范围±1.5～±15V;
- 输入失调电压 2mV(最大值 7mV);
- 输入偏置电流 50～150nA;
- 输入失调电流 5～50nA;
- 输出电流 40mA;
- 开环差动电压放大典型值 100V/mV;
- 放大器间隔离度 −120dB(f_0 为 1～20kHz)。

由集成运放构成的正弦波、方波和三角波发生器有多种形式,本实验选用最常用的、线路比较简单的几种电路加以分析。

1. RC 桥式正弦波振荡器(文氏电桥振荡器)

图 8.2 所示为 RC 桥式正弦波振荡器。其中,RC 串、并联电路构成正反馈支路,同时兼做选频网络,R_1、R_2、R_w 及二极管等元件构成负反馈和稳幅环节。调节电位器 R_w,可以改变负反馈深度,以满足振荡的振幅条件并改善波形。利用两个反向并联二极管 VD_1、VD_2 正向电阻的非线性特性来实现稳幅。VD_1、VD_2 采用硅管(温度稳定性好),且要求特性匹配,才能保证输出波

形正、负半周对称。R_3 的接入是为了削弱二极管非线性的影响,以改善波形失真。

电路振荡频率为

$$f_0 = \frac{1}{2\pi RC}$$

起振的振幅条件

$$\frac{R_f}{R_1} \geqslant 2$$

式中,$R_f = R_w + R_2 + (R_3 \ /\!/ \ r_D)$,$r_D$ 为二极管正向导通电阻。

调整反馈电阻 R_f(调节 R_w),使电路起振,且波形失真最小。如果不能起振,则说明负反馈太强,应适当加大 R_f;如果波形失真严重,则应减小 R_f。

改变选频网络的参数 C 或 R,即可调节振荡频率。一般采用改变电容 C 进行频率量程切换,而调节 R 进行量程内的频率细调。

2. 方波发生器

由集成运放构成的方波发生器和三角波发生器,一般均包括比较器和 RC 积分器两大部分。图 8.3 所示为由滞回比较器和简单 RC 积分电路组成的方波-三角波发生器。它的特点是线路简单,但三角波的线性较差,主要用于产生方波,或对三角波要求不高的场合。

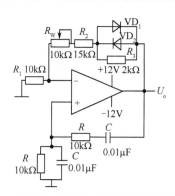

图 8.2　RC 桥式正弦波振荡器

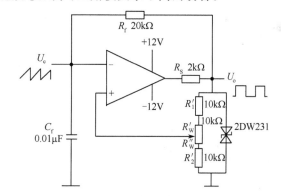

图 8.3　方波发生器

该电路的振荡频率为

$$f_0 = \frac{1}{2R_f C_f \ln\left(1 + \dfrac{R_2}{R_1}\right)}$$

式中,$R_1 = R_1' + R_w'$,$R_2 = R_2' + R_w''$。

方波的输出幅值为

$$U_{om} = \pm U_Z$$

三角波的幅值为

$$U_{cm} = \frac{R_2}{R_1 + R_2} U_Z$$

调节电位器 R_w(即改变 R_2/R_1),可以改变振荡频率,但三角波的幅值也随之变化。若要互不影响,则可通过改变 R_f(或 C_f)来实现振荡频率的调节。

3. 方波和三角波发生器

把滞回比较器和积分比较器首尾相接形成正反馈闭环系统,如图 8.4 所示,则比较器输出的方波经积分器积分得到三角波,三角波又触发比较器自动反转形成方波,这样即可构成方波和三角波发生器。由于采用运放组成积分电路,因此可实现恒流充电,三角波线性大大改善。

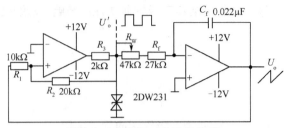

图 8.4　方波和三角波发生器

电路的振荡频率为

$$f_0 = \frac{R_2}{4R_1(R_f + R_w)C_f}$$

方波的幅值为

$$U'_{om} = \pm U_Z$$

三角波的幅值为

$$U_{om} = \frac{R_1}{R_2}U_Z$$

调节 R_w，可以改变振荡频率；改变比值 R_1/R_2，可调节三角波的幅值。

三、实验仪器

- 数字示波器　　　　1台
- 毫伏表　　　　　　1只
- 模拟电路实验箱　　1台
- 万用表　　　　　　1只

四、实验内容

1. **桥式正弦波振荡器**

按图 8.2 接实验电路，接通 ±12V 电源，输出端接示波器。

（1）调节电位器 R_w，使输出波形从无到有，从正弦波到出现失真，描绘 U_o 的波形，记下临界起振、正弦波输出及失真情况下的 R_w 值，分析负反馈强弱对起振条件及输出波形的影响。

（2）调节电位器 R_w，使输出电压 U_o 幅值最大且不失真，用交流毫伏表分别测量输出电压 U_o、反馈电压 U_+ 和 U_-，分析研究振荡的幅值条件。

（3）用示波器或频率计测量振荡频率 f_0，然后在选频网络的两个电阻 R 上并联同一阻值电阻，观察记录振荡频率的变化情况，并与理论值进行比较。

（4）断开二极管 VD_1、VD_2，重复（2）的内容，将测试结果与（2）进行比较，分析 VD_1、VD_2 的稳幅作用。

2. **方波发生器**

按图 8.3 连接实验电路。

（1）将电位器 R_w 调至中心位置，用示波器观察并绘出方波 U_o 及三角波 U_c 的波形（注意对应关系），测量其幅值及频率，记下数据。

（2）改变动点的位置，观察 U_o、U_c 幅值及频率变化情况。把动点调至最上端和最下端，测出频率范围并记录数据。

（3）将电位器的动点恢复至中心位置，将稳压管开路，观察 U_o 波形，分析稳压管的限幅作用。

3. 方波和三角波发生器

按图 8.4 连接实验电路。

(1) 将电位器 R_W 调至合适位置,用示波器观察并描绘三角波输出 U_o 及方波输出 U_o',测其幅值、频率及 R_W 值,记录数据。

(2) 改变 R_W 的位置,观察对 U_o、U_o' 幅值及频率的影响。

(3) 改变 R_1(或 R_2),观察对 U_o、U_o' 幅值及频率的影响。

五、预习要求

(1) 复习有关正弦波振荡器、三角波及方波发生器的工作原理,并估算图 8.2、图 8.3 和图 8.4 电路的振荡频率。

(2) 设计实验表格。

(3) 为什么在 RC 正弦波振荡器电路中要引入负反馈支路?为什么要增加二极管 VD_1 和 VD_2?它们是怎样稳幅的?

(4) 怎样测量非正弦波电压的幅值?

六、实验报告

1. 正弦波发生器

(1) 列表整理实验数据,画出波形,把实测频率与理论值进行比较。

(2) 根据实验分析 RC 振荡器的振幅条件。

(3) 讨论二极管 VD_1、VD_2 的稳幅作用。

2. 方波发生器

(1) 列表整理实验数据,在同一坐标纸上,按比例画出方波和三角波的波形图(标出时间和电压幅值)。

(2) 分析 R_W 变化时对 U_o 波形幅值及频率的影响。

(3) 讨论稳压管的限幅作用。

3. 方波和三角波发生器

(1) 整理实验数据,把实测频率与理论值进行比较。

(2) 在同一坐标纸上,按比例画出三角波及方波的波形,并标明时间和电压幅值。

(3) 分析电路参数变化(R_1、R_2 和 R_W)对输出波形频率及幅值的影响。

七、设计性实验

1. 实验目的

通过设计性实验,全面掌握波形发生器电路理论设计与实验调整相结合的设计方法。

2. 设计题目

(1) 设计一个振荡频率 $f_0 = 1kHz$ 的 RC 正弦波振荡电路,自选集成运算放大器。

(2) 设计一个用集成运放构成的方波和三角波发生器,设计要求如下:

① 频率范围 $500 \sim 1000Hz$;

② 三角波幅值调节范围 $2 \sim 4V$;

③ 方波幅值 $\pm 5V$;

④ 集成运算放大器选用   OP07(或自选)。

3. 实验内容及要求

(1) RC 正弦波振荡器

① 写出设计报告,提出元器件清单。

② 组装、调整 RC 正弦波振荡电路,使电路产生信号输出。

③ 当输出波形不失真时,测量输出电压的频率和幅值。检验电路是否满足设计要求,如不满足,需要调整设计参数,直到满足为止。

④ 改变有关元器件,使电路振荡频率发生改变,记录改变后的元件值,测量输出波形的频率。

(2) 方波和三角波发生器

① 写出设计报告,提出元器件清单。

② 组装调试所设计的电路,使其正常工作。

③ 测量方波的频率和幅值,测量三角波的频率和幅值及其调节范围,检验电路是否满足设计指标。在调整三角波幅值时,注意波形有什么变化,并说明变化的原因。

八、设计内容提示

1. RC 正弦波振器的设计与调试

设计一个振荡频率 $f = 1\text{kHz}$ 的 RC 桥式正弦波振荡器。

(1) 选定电路形式为图 8.5 所示的 RC 桥式正弦波振荡器。

(2) 确定电路元件参数。

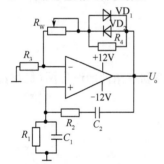

图 8.5　RC 正弦波振荡电路

① 所选定电路的振荡频率和起振条件

在实验电路图 8.5 中,选定 $R_1 = R_2 = R$,$C_1 = C_2 = C$,则该电路的振荡频率为

$$f_0 = \frac{1}{2\pi RC} \tag{8.1}$$

起振条件为

$$R_f \geqslant 2R_3 \tag{8.2}$$

在电路中,$R_f = R_w + R_4 \mathbin{/\mkern-5mu/} r_D$,$r_D$ 为限幅二极管导通时的动态电阻。

② 选择 RC 参数的主要依据和条件

i. 因为 RC 桥式振荡器的振荡频率是由 RC 网络决定的,所以选择 R,C 的值时,应该把已知的振荡频率作为主要的依据。

ii. 为了使选频网络的特性不受集成运放输入、输出电阻的影响,选择 R 时还应考虑

$$r_i \gg R \gg r_o$$

式中,r_i 为集成运算放大器同相输入端的输入电阻,r_o 为输出电阻。

iii. 计算 R 和 C 的值。根据已知条件,由式(8.1)可计算出电容值,初选 $R = 15\text{k}\Omega$,则

$$C = \frac{1}{2\pi f_0 R} = \frac{1}{2 \times 3.14 \times 10^3 \times 15 \times 10^3} = 0.0106\mu\text{F}$$

取标称值 $C = 0.01\mu\text{F}$,代入式(8.1)得 $R = 15.9\text{k}\Omega$,取标称值 $R = 16\text{k}\Omega$。实际应用时,要注意选择稳定性能好的电阻和电容。

iv. 选择电阻 R_3 和 R_f。电阻 R_3 和 R_4 可根据式(8.2)来确定,通常 $R_f = 2.1R_3$,这样能够保证起振,同时又不会引起严重的波形失真。为了减小运放输入失调电流及其漂移的影响,应尽量满足 $R = R_3 \mathbin{/\mkern-5mu/} R_f$ 的调节。可求出

$$R_3 = \frac{3.1}{2.1}R = \frac{3.1}{2.1} \times 16 = 23.6\text{k}\Omega$$

取标称值 $R_3 = 24\text{k}\Omega$,则

$$R_f = 2.1R_3 = 2.1 \times 24 = 50.4\text{k}\Omega$$

取标称值 $R_f = 51\text{k}\Omega$。注意,R_3 和 R_f 的最佳数据还要通过实验调整来确定。

v. 稳幅电路的作用及参数选择。在实际电路中,由于元器件参数的误差、温度等外界因素的影响,振荡器往往达不到理论设计的效果。因此,一般在振荡器的负反馈支路中加入自动稳幅电路,根据振荡幅度的变化自动改变负反馈的强弱,达到稳幅的效果。

在图8.5中,二极管 VD_1 和 VD_2 在振荡过程中总有一个二极管处于正向导通状态,正向导通电阻 r_D 和 R_4 并联。当振荡幅度大时,r_D 减小,负反馈增强,限制幅度继续增大;反之,当振荡幅度小时,r_D 增大,负反馈减弱,防止幅度继续减小,从而达到稳幅的目的。

稳幅二极管的选择应注意以下两点:为提高电路稳定性,尽量选择硅管;为了保证上、下幅度对称,两个稳幅二极管的特性参数必须匹配。

vi. 电阻 R_W 和 R_4 值的确定。理论和实验证明,二极管的正向电阻与并联电阻值差不多时,稳幅特性和改善波形失真都具有较好的效果。通常 R_4 选几千欧,R_4 选定后 R_W 的阻值便可以初步确定,R_W 的调节范围应保证达到所需的值。

因为

$$R_f = R_W + R_4 /\!/ r_D$$

取 $R_4 \approx r_D$,所以

$$R_W = R_f - R_4 /\!/ r_D = R_f - \frac{1}{2}R_4$$

但是,电阻 R_W 和 R_4 的最佳值仍然要通过实验调整来确定。

③ 集成运放的选择

选择集成运算放大器时,除了要求输入电阻较高和输出电阻较低之外,最主要的是选择其增益带宽积满足下列关系

$$A_{od}f_{BW} > 3f_0$$

④ 安装调试

i. 安装电路时,应注意所选择的运算放大器各个引脚的功能和二极管的极性。

ii. 调整电路时,首先应反复调整 R_W 使电路起振,且波形失真最小。如果电路不起振,说明振荡的幅值条件不满足,应适当加大 R_W;如果波形失真严重,则应减小 R_W 或 R_4。

iii. 测量振荡频率,测量方法见实验一,若测量结果不满足设计要求,可适当改变选频网络的 R 或 C 值,使振荡频率满足设计要求。

2. 方波和三角波发生器的设计和调试

(1) 选择电路形式

图8.6所示为一个由积分器和比较器电路组成的方波和三角波发生器电路。由于采用了积分电路,使方波和三角波发生器的性能大为改善。不仅能得到线性比较理想的三角波,而且振荡频率和幅值也便于调节。

由图8.6可知,输出方波的幅值由稳压管决定,被限制在稳压值 $\pm U_Z$ 之间,三角波的幅值 U_{om} 为

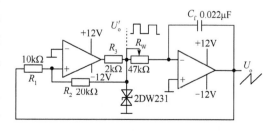

图 8.6 方波和三角波发生器原理图

$$U_{om} = -\frac{R_1}{R_2}U_Z \tag{8.3}$$

式中，U_Z 为稳压管的稳压值。

方波和三角波的振荡频率相同，其值为

$$f_0 = \frac{R_2}{4R_wC_fR_1} \tag{8.4}$$

（2）确定电路元器件参数

① 稳压管的选择。稳压管的作用是限制和确定方波的幅值。此外，方波振幅的对称性也与稳压管的性能有关。因此，为了保证输出方波的对称性和稳定性，通常选用高精度双向稳压二极管，按设计要求可以选择稳压值为 $\pm 5V$ 的稳压管，如选择 2DW231。R_3 是稳压管的限流电阻，其值的大小由所选用的稳压管参数决定。

② 电阻 R_1 和 R_2 的确定。R_1 和 R_2 在电路中的作用是提供一个随输出电压变化的基准电压，以决定三角波的幅值。因此，R_1 和 R_2 的值应根据三角波的幅值来确定。例如，已知 $U_Z = 5V$，三角波的幅值 $U_{om} = 4V$，由式（8.3）可求得

$$R_1 = \frac{4}{5}R_2$$

取 $R_1 = 12k\Omega$，则 $R_2 = 15k\Omega$，如果要求三角波的幅值可调，则应选用电位器。

③ 积分器元件 R_w 和 C_f 值的确定。R_w 和 C_f 的值可根据三角波的振荡频率 f_0 来确定。当 R_1 和 R_2 的值确定后，可先选定电容 C_f 的值，再由式（8.4）确定 R_w 的值。为了减小积分漂移，应尽量将 C_f 值取得大一些，但 C_f 值越大，漏电也越大。因此，一般积分电容不要超过 $1\mu F$。

（3）集成运算放大器的选择

在方波和三角波发生器电路中，用于电压比较器的集成运算放大器，其转换速率应满足方波频率的要求，在要求方波频率较高时，要注意选用高速集成运算放大器。积分器运算放大器的选择请参阅积分器的设计。

（4）调试方法

方波和三角波发生器的调试目的，就是使电路输出电压的幅值和振荡频率均达到设计要求。为此，调试可分两步进行。若振荡频率不符合要求，可相应改变电路参数；若三角波幅值未达到设计指标，可相应改变分压系数，调整电阻 R_1 与 R_2 的比值，使之达到设计要求。注意，有时也要互相兼顾，反复调整才能达到指标要求。

实验 9 有源滤波器

一、实验目的

(1) 熟悉用运放、电阻和电容组成的有源低通、高通、带通、带阻滤波器及其特性。

(2) 掌握有源滤波器幅频特性的测量。

二、实验原理

本实验采用集成运算放大器和 RC 网络来组成不同性能的有源滤波电路。

1. 低通滤波器

低通滤波器是指低频信号能通过而高频信号不能通过的滤波器,用一级 RC 网络组成的称为一阶 RC 有源低通滤波器,如图 9.1 所示。

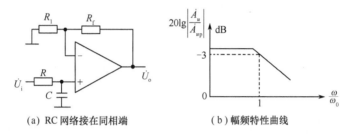

(a) RC 网络接在同相端　　　　(b) 幅频特性曲线

图 9.1　基本的有源低通滤波器

根据运放的"虚短"和"虚断"特点,可求出图 9.1(a) 电路的电压放大倍数为

$$\dot{A}_u = \frac{\dot{U}_o}{\dot{U}_i} = \frac{1 + \dfrac{R_f}{R_1}}{1 + \mathrm{j}\dfrac{\omega}{\omega_0}} = \frac{\dot{A}_{up}}{1 + \mathrm{j}\dfrac{\omega}{\omega_0}}$$

式中

$$\dot{A}_{up} = 1 + \frac{R_f}{R_1}$$

$$\omega_0 = \frac{1}{RC}$$

A_{up} 和 f_0 分别称为通带放大倍数和通带截止频率,图 9.1(b) 为幅频特性曲线。

为了改善滤波效果,在图 9.1(a) 的基础上再加一级 RC 网络,且为了克服在截止频率附近通频带范围幅度下降过多的缺点,通常采用将第一级电容 C 的接地端改接到输出端的方式,如图 9.2 所示,即为一个典型的二阶有源低通滤波器。

二阶有源低通滤波器的幅频特性为

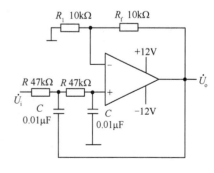

图 9.2　二阶有源低通滤波器

$$\dot{A}_u = \frac{\dot{U}_o}{\dot{U}_i} = \frac{(sCR)^2 \dot{A}_{up}}{1 + (3 - A_{up})sCR + (sCR)^2} = \frac{\dot{A}_{up}}{1 - \left(\dfrac{\omega}{\omega_0}\right)^2 + j\dfrac{1}{Q}\dfrac{\omega}{\omega_0}}$$

式中,$\dot{A}_{up} = 1 + \dfrac{R_f}{R_1}$,为二阶低通滤波器的通带增益;$\omega_0 = \dfrac{1}{RC}$ 为截止频率,它是二阶低通滤波器通带与阻带的界限频率;$Q = \dfrac{1}{3 - A_{up}}$ 为品质因数,它的大小影响低通滤波器在截止频率处幅频特性的形状。

注:式中 s 代表 jω。

2. 高通滤波器

将低通滤波器中起滤波作用的电阻、电容互换,即可变成有源高通滤波电路,如图 9.3 所示,其性能与低通滤波器相反,频率响应和低通滤波器呈"镜像"关系。

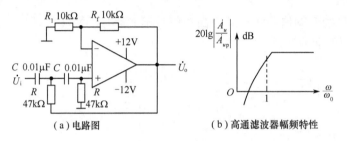

（a）电路图 （b）高通滤波器幅频特性

图 9.3 高通滤波器

这种高通滤波器的幅频特性为

$$\dot{A}_u = \frac{\dot{U}_o}{\dot{U}_i} = \frac{(sCR)^2 \dot{A}_{up}}{1 + (3 - A_{up})sCR + (sCR)^2} = \frac{\left(\dfrac{\omega}{\omega_0}\right)^2 \dot{A}_{up}}{1 - \left(\dfrac{\omega}{\omega_0}\right)^2 + j\dfrac{1}{Q}\dfrac{\omega}{\omega_0}}$$

式中,$\dot{A}_{up}$,ω_0,Q 的意义与前同。

3. 带通滤波器

这种滤波电路的作用是只允许在一个频率范围内的信号通过,而比通频带下限频率低和比上限频率高的信号都被阻断。

典型的带通滤波器可以从二阶低通滤波电路中将其中一级改成高通而成,原理图如图9.4(a) 所示,其幅频特性如图9.4(b) 所示。

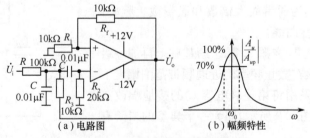

（a）电路图 （b）幅频特性

图 9.4 二阶有源带通滤波器

二阶有源带通滤波器的输入、输出关系为

$$\dot{A}_u = \frac{\dot{U}_o}{\dot{U}_i} = \frac{\left(1 + \frac{R_f}{R_1}\right)\left(\frac{1}{\omega_0 RC}\right)\left(\frac{s}{\dot{U}_o}\right)}{1 + \frac{B}{\omega_0}\frac{s}{\omega_0} + \left(\frac{s}{\omega_0}\right)^2}$$

中心频率
$$\omega_0 = \sqrt{\frac{1}{R_2 C^2}\left(\frac{1}{R} + \frac{1}{R_3}\right)}$$

频带宽
$$B = \frac{1}{C}\left(\frac{1}{R} + \frac{2}{R_2} - \frac{R_f}{R_1 R_3}\right)$$

品质因数
$$Q = \frac{\omega_0}{B}$$

这种电路的优点是改变 R_f 与 R_1 的比例,就可改变频宽而不影响中心频率。

4. 带阻滤波器

这种电路的性能和带通滤波器相反,即在规定的频带内,信号不能通过(或受到很大的衰减),而在其余频率范围内,信号则能顺利通过,电路图如图 9.5(a) 所示,幅频特性如图 9.5(b) 所示。该电路常用于抗干扰设备中。

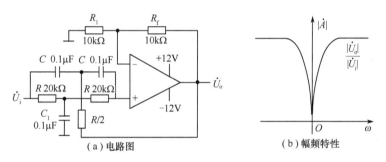

图 9.5　二阶有源带阻滤波器

这种电路的输入、输出关系为

$$\dot{A}_u = \frac{\dot{U}_o}{\dot{U}_i} = \frac{\left[1 + \left(\frac{s}{\omega_0}\right)^2\right]\dot{A}_{up}}{1 + 2(2 - \dot{A}_{up})\frac{s}{\omega_0} + \left(\frac{s}{\omega_0}\right)^2}$$

式中,$\dot{A}_{up} = 1 + \frac{R_f}{R_1}$;$\omega_0 = \frac{1}{RC}$;$s = j\omega$。由上式可见,$|A_{up}|$ 越接近 2,$|A_u|$ 越大,即起到阻止范围变窄的作用。

三、实验仪器

- 数字示波器　　　　1 台
- 信号发生器　　　　1 台
- 毫伏表　　　　　　1 只
- 模拟电路实验箱　　1 台
- 万用表　　　　　　1 只

四、实验内容

1. 二阶低通滤波器

实验电路如图 9.2 所示,接通地线及电源。U_i 接信号源,令输入信号 $U_i = 1V$ 并保持不变,先用示波器在频带内粗略地检查一下,然后调节信号发生器,改变输入信号频率。测得相应频率时的输出电压值,即改变一次频率,测量一次输出电压 U_o,记入表 9.1 中。

2. 二阶高通滤波器

实验电路如图 9.3(a) 所示。按表 9.2 的内容测量并记录。

表 9.1　二阶低通滤波器幅频特性
测试数据记录表

$U_i(V)$	1
$f(Hz)$	
$U_o(V)$	

表 9.2　二阶高通滤波器幅频特性
测试数据记录表

$U_i(V)$	1
$f(Hz)$	
$U_o(V)$	

3. 带通滤波器

实验线路如图 9.4(a) 所示,并按原理说明中的参数选择元器件,测量其频率响应特性。数据表格自拟。

(1) 实测电路的中心频率 f_0。

(2) 以实测中心频率为中心,测出电路的幅频特性。

4. 带阻滤波器

实验电路如图 9.5(a) 所示,数据表格自拟。

(1) 实测电路的中心频率。

(2) 测出电路的幅频特性。

五、预习要求

(1) 复习教材中有关滤波器的内容。

(2) 计算图 9.2 和图 9.3(a) 的截止频率、图 9.3(a) 和图 9.4(a) 的中心频率。

(3) 画出上述 4 个电路的幅频特性曲线。

(4) 如何区别低通滤波器的一阶、二阶电路?它们的幅频特性曲线有区别吗?

六、实验内容

(1) 整理实验数据,画出各电路实测的幅频特性。

(2) 根据实验曲线,计算截止频率、中心频率、带宽及品质因数。

(3) 总结有源滤波电路的特性。

七、设计性实验

1. 实验目的

通过实验,学习有源滤波器的设计方法,体会调试方法在电路设计中的重要性,了解品质因数 Q 对滤波器特性的影响。

2. 设计题目

(1) 设计一个有源二阶低通滤波器,已知条件和设计要求如下:截止频率 $f = 50Hz$;通带增益 $A_{up} = 1$;品质因数 $Q = 0.707$。

(2) 设计一个有源二阶高通滤波器,已知条件和设计要求如下:截止频率 $f = 100Hz$;通带增益 $A_{up} = 5$;品质因数 $Q = 0.707$。

3. 实验内容及要求

（1）写出设计报告，包括设计原理、设计电路及选择电路元器件参数。

（2）组装和调试设计电路，检验电路是否满足设计指标。如不满足，改变元器件参数值，使其满足设计题目要求。

（3）测量电路的幅频特性曲线，研究品质因数对滤波器频率特性的影响（提示：改变电路参数，使品质因数变化，重复测量电路的幅频特性曲线，比较后得出结论）。

（4）写出实验总结报告。

实验 10　电压比较器

一、实验目的
(1) 掌握电压比较器的电路构成及特点。
(2) 掌握测试电压比较器的方法。

二、实验原理
电压比较器就是将一个模拟的电压信号与一个参考电压比较,在二者幅度相等的附近,输出电压将产生跃变。它通常用于越限报警、模数转换和波形变换等场合。此时,幅度鉴别的精确性、稳定性及输出反应的时间性是主要的技术指标。图 10.1 所示为一最简单的电压比较器,U_R 是参考电压,加在运放的同相输入端,输入电压 U_i 加在反相输入端。

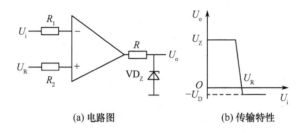

(a) 电路图　　　　　　(b) 传输特性

图 10.1　电压比较器

当 $U_i < U_R$ 时,运放输出高电平,稳压管反向稳压工作。输出端电位被其钳位在稳压管的稳定电压,即

$$U_o = U_Z$$

当 $U_i > U_R$ 时,运放输出为低电平,VD_Z 正向导通,输出电压等于稳压管的正向压降 U_D,即

$$U_o = -U_D$$

因此,以 U_R 为界,当输入电压 U_i 变化时,输出端反映出两种状态:高电平和低电平。

输出电压与输入电压之间关系的特性曲线,称为传输特性。图 10.1(b) 为图 10.1(a) 的传输特性。

常用的幅度比较器有过零比较器、具有滞回特性的过零比较器(又称为施密特触发器)、双限比较器(又称为窗口比较器)等。

(1) 图 10.2 所示为简单过零比较器,图 10.2(b) 为图 10.2(a) 的电压传输特性。

(2) 图 10.3 所示为具有滞回特性的过零比较器。

过零比较器在实际工作时,如果 U_i 恰好在过零值附近,则由于零点漂移的存在,U_o 将不断由一个极限值转换到另一个极限值,这在控制系统中对执行机构将是很不利的。为此,就需要输出特性具有滞回现象。如图 10.3 所示,从输出端引出一个电阻分压支路,到同相输入端,若 U_o 改变状态,Σ 点的电位也随着改变,使过零点离开原来位置。当 U_o 为正(记为 U_{oM}),则 U_+ 为 U_Σ,当 $U_i > U_\Sigma$ 后,U_o 即由正变负(记为 $-U_{oM}$),此时 U_+ 变为 $-U_\Sigma$,故只有当 U_i 下降到

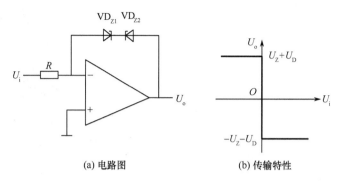

(a) 电路图 (b) 传输特性

图 10.2 过零比较器

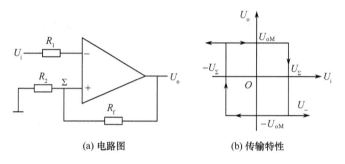

(a) 电路图 (b) 传输特性

图 10.3 具有滞回特性的比较器

$-U_\Sigma$ 以下,才能使 U_o 再度回升到 U_{oM},于是出现图 10.3(b) 中所示的滞回特性。$-U_\Sigma$ 与 U_Σ 的差称为回差,即

$$U_\Sigma = \frac{R_2}{R_f + R_2} U_{oM}$$

改变 R_2 的数值可以改变回差的大小。

(3) 窗口(双限)比较器。简单的比较器仅能鉴别输入电压 U_i 比参考电压 U_R 高或低的情况,窗口比较电路是由两个简单电压比较器组成的,如图 10.4 所示,它能指示出 U_i 值是否处于 U_R^+ 和 U_R^- 之间。

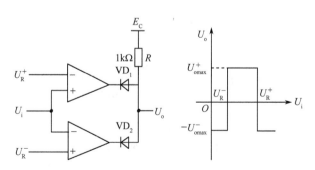

图 10.4 两个简单电压比较器组成的窗口比较器

三、实验仪器

● 数字示波器　　　　1台

- 信号发生器　　　　1 台
- 毫伏表　　　　　　1 只
- 模拟电路实验箱　　1 台
- 万用表　　　　　　1 只

四、实验内容

1. 过零电压比较器

实验电路如图 10.5 所示。实验步骤如下：

(1) 接通电源±12V；

(2) 测量 U_i 悬空时的电压 U_o；

(3) U_i 输入 500Hz、幅值为 2V 的正弦信号，观察 U_i～U_o 的波形并记录；

(4) 改变 U_i 的幅值，测量传输特性曲线。

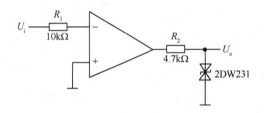

图 10.5　过零比较器

2. 反相滞回比较器

实验电路如图 10.6 所示。实验步骤如下：

(1) 按图 10.6 接线，U_i 接可调直流电源，测出 U_o 由 $+U_{omax} \rightarrow -U_{omax}$ 时 U_i 的临界值；

(2) 方法同上，测出 U_o 由 $-U_{omax} \rightarrow +U_{omax}$ 时 U_i 的临界值；

(3) U_i 接 500Hz，幅值为 2V 的正弦信号，观察并记录 U_i～U_o 波形；

(4) 将分压支路电阻 R_4 由 100kΩ 改为 200kΩ，重复上述实验，测定传输特性。

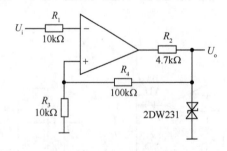

图 10.6　反相滞回比较器

3. 同相滞回比较器

实验电路如图 10.7 所示。实验步骤如下：

(1) 参照上述反相滞回比较器实验，自拟实验步骤及方法；

(2) 将结果与上述反相滞回比较器实验相比较。

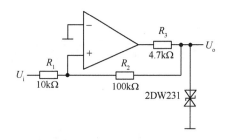

图 10.7　同相滞回比较器

4. 窗口比较器

参照图 10.4 自拟实验步骤和方法测定其传输特性。

五、预习要求

(1) 复习教材中有关比较器的内容。

(2) 画出各类比较器的传输特性曲线。

六、实验报告

(1) 整理实验数据,绘制各类比较器的传输特性曲线。

(2) 总结几种比较器的特点,阐明它们的应用。

七、设计性实验

1. 实验目的

通过实验,学习窗口比较器的设计方法,体会调试方法在电路设计中的重要性,掌握窗口比较器的设计思想。

2. 设计题目

设计一个窗口比较电路,要求:

(1) 输入信号的幅度小于 5V 时,输出电压为零;

(2) 输入信号的幅度大于 5V 时,输出电压为 5V;

(3) 电路的工作频率低于 100kHz。

3. 实验内容及要求

(1) 写出设计报告,包括设计原理、设计电路及选择电路元器件参数。

(2) 组装和调试设计电路,检验电路是否满足设计指标。如不满足,改变元器件参数值,使其满足设计题目要求。

(3) 测量电路的幅频特性曲线(自拟数据测量表格)。

(4) 写出实验总结报告。

实验 11 LC 正弦波振荡器

一、实验目的

(1) 掌握变压器反馈式 LC 正弦波振荡器的调整和测试方法。
(2) 研究电路参数对 LC 振荡器起振条件及输出波形的影响。

二、实验原理

从正弦波振荡器结构上看,电路是没有输入信号、带选频网络的正反馈放大器。若用 R、C 元件组成选频网络,就称为 RC 振荡器,一般用来产生 1Hz～1MHz 的低频信号,而用 L、C 元件组成选频网络的振荡器则称为 LC 振荡器,用来产生 1MHz 以上的高频正弦信号。根据 LC 调谐回路的不同连接方式,正弦波振荡器又可分为变压器反馈式(或称互感耦合式)、电感三点式和电容三点式 3 种。图 11.1 所示为变压器反馈式 LC 正弦波振荡器的实验电路。其中,三极管 VT_1 组成共射极放大电路,变压器 Tr 的原绕组 L_1 与电容 C 组成调谐回路,它既作为放大器的负载,又起选频作用,副绕组 L_3 为反馈线圈,L_2 为输出线圈。

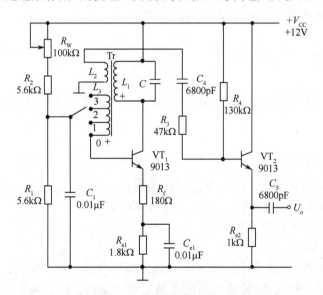

图 11.1 LC 正弦波振荡器实验电路

图 11.1 所示的电路是靠变压器原、副绕组同名端的正确连接(见图 11.1 中所示)来满足自激振荡的相位条件,即满足正反馈条件。在实际调试中,可以通过把振荡线圈 L_1 或反馈线圈 L_3 的首、尾端对调来改变反馈极性。而振幅条件的满足,一是靠合理选择电路的参数,使放大器建立合适的静态工作点,其次是改变线圈 L_3 的匝数,或 L_3 与 L_1 之间的耦合程度,以得到足够强的反馈量。稳幅作用是利用晶体管的非线性来实现的。由于 LC 并联谐振回路具有良好的选频作用,因此输出电压波形一般失真不大。

振荡器的振荡频率由谐振回路的电感和电容决定,即

$$f_0 = \frac{1}{2\pi\sqrt{LC}}$$

式中，L 为并联谐振回路的等效电感（即考虑其他绕组的影响）。

振荡器的输出端增加一级电压跟随器，用以提高电路的带负载能力。

三、实验仪器

- 数字示波器　　　　1 台
- 毫伏表　　　　　　1 只
- 模拟电路实验箱　　1 台
- 万用表　　　　　　1 只

四、实验内容

按图 11.1 连接实验电路。电位器 R_W 置最大位置，振荡电路的输出端接示波器。

1. 静态工作点的调整

（1）接通电源 $V_{CC}=+12V$，调节电位器 R_W，使输出端得到不失真的正弦波形，如不起振，可改变 L_3 的首、末端位置，使之起振。测量此时的 V_E、V_B 及 I_C，并测量正弦波的有效值 U_o，记入表 11.1。

（2）把 R_W 调小，观察输出波形的变化，并测量晶体管 VT_1 的 V_E、V_B、I_C 及 U_o 值，并记入表 11.1 中。

（3）把 R_W 调大，使振荡波形刚刚消失，测量晶体管 VT_1 的 V_E、V_B、I_C 及 U_o 值，并记入表 11.1 中。

表 11.1　静态工作点测量数据记录表

	V_B(V)	V_E(V)	I_C(mA)	U_o(V)	u_o 波形
R_W 居中					
R_W 小					
R_W 大					

根据以上 3 组数据，分析静态工作点对电路起振、输出波形、幅度和失真的影响。

2. 观察反馈量大小对输出波形的影响

置反馈线圈于位置"0"（无反馈）、"1"（反馈量不足）、"2"（反馈量合适）、"3"（反馈量过强），测量相应的输出电压波形，记入表 11.2 中。

表 11.2　反馈量对输出波形影响数据记录表

L_3 位置	"0"	"1"	"2"	"3"
u_o 波形				

3. 验证相位条件

（1）改变线圈 L_3 的首、末端位置，观察停振现象。

（2）恢复 L_3 的正反馈接法，改变 L_1 的首、末端位置，观察停振现象。

4. 测量振荡频率

调节 R_W 使电路正常起振，同时用示波器和频率计测量以下两种情况下的振荡频率 f_0，记入表 11.3 中。

表 11.3　振荡频率数据记录表

谐振回路电容	$C=1000\text{pF}$	$C=100\text{pF}$
$f_0(\text{kHz})$		

5. 观察谐振回路 Q 值对电路工作的影响

谐振回路两端并入 $R=5.1\text{k}\Omega$ 电阻,观察 R 并入前、后振荡波形的变化情况。

五、预习要求

(1) 复习教材中有关 LC 振荡器的内容。

(2) LC 振荡器是怎样进行稳幅的? 在不影响起振的条件下,晶体管的集电极电流是大一点好,还是小一点好?

(3) 为什么可以测量停振和起振两种情况下晶体管 VT_1 的 U_{BE} 的变化来判断振荡器是否起振?

六、实验报告

(1) 整理实验数据,并分析讨论:

① LC 正弦波振荡器的相位条件和幅值条件;

② 电路参数对 LC 振荡器起振条件及输出波形的影响。

(2) 讨论实验中发现的问题及解决办法。

实验 12 集成功率放大器

一、实验目的
（1）了解功率放大集成块的应用。
（2）学习集成功率放大器基本技术指标的测试。

二、实验原理
  集成功率放大器由集成块和一些外部阻容元件构成。它具有线路简单、性能优越、工作可靠、调试方便等优点,已经成为在音频领域中应用十分广泛的功率放大器。

  电路中最主要的组件为集成功放块,它的内部电路与一般分立元件功率放大器不同,通常包括前置级、推动级和功率级等几个部分,有些还具有一些特殊功能(消除噪声、短路保护等)的电路。其电压增益较高(不加负反馈时,电压增益大于 $70\sim80\mathrm{dB}$,加典型负反馈时,电压增益在 $40\mathrm{dB}$ 以上)。

  集成功放块的种类很多。本实验采用的集成功放块型号为 LA4112,它的内部电路由 3 级电压放大,一级功率放大及偏置、恒流、反馈、退耦电路组成。

  LA4112 集成功放块是一种塑料封装 14 引脚的双列直插式器件,其外形如图 12.1 所示,表 12.1、表 12.2 是它的极限参数和电参数。

  LA4112 各引脚功能:

① 脚,输出;

② 脚,电源地;

③ 脚,地(基片);

④ 脚和⑤脚,消振;

⑥ 脚和⑧脚,反馈;

⑦ 脚和⑪脚,空脚;

⑨ 脚,输入;

⑩ 脚,纹波抑制;

⑫ 脚,前级电源;

⑬ 脚,自举;

⑭ 脚,电源。

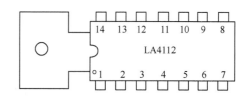

图 12.1 LA4112 外形及引脚排列图

表 12.1 LA4112 集成功放块的极限参数

参　数	符号与单位	额定值
最大电源电压	$V_{CCmax}(\mathrm{V})$	13(有信号时)
允许功耗	$P(\mathrm{W})$	1.2
		2.25,散热片
工作温度	$T(℃)$	$-20\sim70$

表 12.2　LA4112 集成功放块的电参数

参　数	符号与单位	测试条件	典型值
工作电压	$V_{CC}(V)$		9
静态电流	$I_{CCQ}(mA)$	$V_{CC}=+9V$	15
开环电压增益	$A_{uo}(dB)$		70
输出功率	$P_o(W)$	$R_L=4\Omega$ $f=1kHz$	1.7
输入阻抗	$R_i(k\Omega)$		20

与 LA4112 集成功放块技术指标相同的国内外产品还有 FD403、FY4112、D4112 等,可以互相替代使用。

1. 集成功率放大器的应用电路

集成功率放大器的应用电路如图 12.2 所示,该电路中各电容和电阻的作用简要说明如下:

C_1,C_9——输入、输出耦合电容,隔直作用;

C_2,R_f——反馈元件,决定了电路的闭环增益;

C_3,C_4,C_8——滤波、退耦电容;

C_5,C_6,C_{10}——消振电容,消除寄生振荡;

C_7——自举电容,若无此电容,将出现输出波形半边被削波的现象。

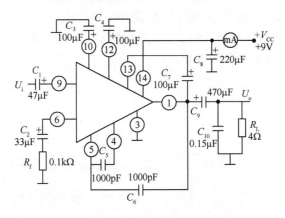

图 12.2　由 LA4112 构成的集成功放电路

2. 集成电路的主要性能指标

(1) 最大不失真输出功率 P_{om}。在实验中可通过测量 R_L 两端的电压有效值来求得实际的 P_{om},即

$$P_{om}=\frac{U_o^2}{R_L}$$

(2) 频率响应。详见实验二中的放大器幅频特性测量部分。

(3) 输入灵敏度。输入灵敏度是指输出最大不失真功率时输入信号 U_i 的值。

三、实验仪器

● 数字示波器　　　　　1 台

- 信号发生器　　　　1台
- 毫伏表　　　　　　1只
- 模拟电路实验箱　　1台
- 万用表　　　　　　1只

四、实验内容

按图 12.2 连接实验电路,检查无误后接通＋9V 直流电源,然后进行功能测试。

1. 静态测试

将输入信号调至零,检查电源电压大小及极性是否为＋9V。接通＋9V 直流电源,测量静态总电流及集成块各引脚对地电压,记入自拟表格中。

2. 动态测试

(1) 最大输出功率

① 接入自举电容 C_7。输入端接 1kHz 的正弦信号,输出端用示波器观察输出电压波形,逐渐加大输入信号幅度,使输出电压为最大不失真输出,用交流毫伏表测量此时输出电压 U_{om},则最大输出功率为

$$P_{om} = \frac{U_{om}^2}{R_L}$$

② 断开自举电容 C_7,观察输出电压波形的变化情况。

(2) 输入灵敏度

根据输入灵敏度的定义,只要测出输出功率 $P_o = P_{om}$ 时的输入电压值 U_i 即可,本实验要求 $U_i > 100mV$。

3. 频率响应

测试方法同实验二中的测量幅频特性曲线部分,将测试结果记入表 12.3 中。

表 12.3　频率响应数据测试记录表

	f_L	f_0	f_H
f(kHz)		1	
U_o(V)			
A_u			

在测试时,为保证电路安全,应在较低电压下进行,通常取输入信号为输入灵敏度的 50％。在整个测试过程中,应保持 U_i 为恒定值,且输出波形不得失真。

4. 噪声电压的测试

测量时将输入端短路($U_i = 0$),观察输出噪声波形,并用交流毫伏表测量输出电压,即为噪声电压 U_n,本实验若 $U_n < 2.5mV$ 即满足要求。

五、预习要求

(1) 查阅有关集成功率放大器的内容。

(2) 进行本实验时,应注意以下几点:

① 电源电压不允许超过极限值,不允许极性接反,否则集成块将损坏;

② 电路工作时绝对避免负载短路,否则将烧毁集成块;

③ 接通电源后,时刻注意集成块的温度,有时未加输入信号集成块就发热过甚,同时直流毫安表指示出较大电流及示波器显示出幅度较大、频率较高的波形,说明电路有自激现象,应立即关机,然后进行故障分析、处理,待自激振荡消除后,才能重新进行实验;

④ 输入信号不要过大。

六、实验报告
(1) 整理实验数据,并进行分析。
(2) 画出频率响应曲线。
(3) 讨论实验中发生的问题及解决办法。

实验 13 直流稳压电源——集成稳压器

一、实验目的
(1) 研究集成稳压器的特点和性能指标的测试方法。
(2) 了解集成稳压器扩展性能的方法。

二、实验原理
随着半导体工艺的发展,稳压电路也制成了集成器件。由于集成稳压器具有体积小、外接线路简单、使用方便、工作可靠和通用性强等优点,因此在各种电子设备中应用十分普遍,基本上取代了由分立元件构成的稳压电路。集成稳压器的种类很多,应根据设备对直流电源要求来进行选择。对于大多数电子仪器、设备和电子线路来说,通常是选用串联线性集成稳压器,而在这种类型的器件中,又以三端式集成稳压器应用最为广泛。

三端式集成稳压器的输出电压是固定的,是预先调好的,在使用中不能进行调整。78 系列三端式稳压器输出正极性电压,一般有 5V、6V、9V、12V、15V、18V、24V 7 个档次,输出电流最大可达到 1.5A(加散热片)。同类型 78M 系列稳压器的输出电流为 0.5A,78L 系列稳压器的输出电流为 0.1A。若要求输出负极性电压,则可选用 79 系列稳压器。图 13.1 所示为78 系列的外形和引脚图。它有 3 个引出端:

① 脚,输出端(不稳定电压输入端);

③ 脚,公共端;

② 脚,输出端(稳定电压输出端)。

7809 的主要参数有:

输出直流电压 $U_o = +9V$;

输出电流 I_L 为 0.1A,I_M 为 0.5A;

电压调整率 10mV/V;

输出电阻 $R_o = 0.15\Omega$;

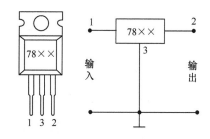

图 13.1 78×× 外形及引脚图

输入电压 U_i 的范围为 12～16V,因为一般 U_i 要比 U_o 大 3～5V,才能保证集成稳压器工作在线性区。

图 13.2 所示为用三端式稳压器 7809 构成的单电源电压输出串联型稳压电源的实验电路图。其中,整流部分采用了由 4 个二极管组成的桥式整流器(又称桥堆),型号为 1CQ—4B,其内部接线和外部引脚如图 13.3 所示。滤波电容 C_1、C_3 一般选取几百至几千微法。当稳压器距离整流滤波电路比较远时,在输入端必须接入电容器 C_2(数值为 $0.33_{\mu}F$),以抵消线路的电感效应,防止自激振荡。输出端电容 C_4($0.1_{\mu}F$)用以滤除输出端的高频信号,改善电路的暂态响应。

当集成稳压器本身的输出电压或输出电流不能满足要求时,可通过外接电路来进行性能扩展。图 13.4 所示为一种简单的输出电压扩展电路。由于 7809 稳压器的 3 端与 2 端间输出电压为 9V,因此只要适当选择 R 的值,使稳压管工作在稳压区,则输出电压 $U_o = 9 + U_z$,可以高于稳压器本身的输出电压。图 13.5 所示为通过外接晶体管 VT 及电阻 R_1 来进行电流扩展

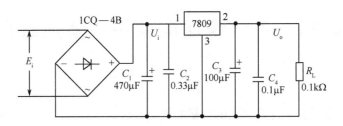

图 13.2 7809 构成串联型稳压电源

的电路。电阻 R_1 的阻值由外接晶体管的发射结导通电压 U_{BE}、三端式稳压器的输入电流 I_i（近似等于三端式稳压器的输出电流 I_{o1}）和 VT 的基极电流 I_B 来决定，即

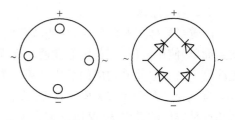

图 13.3 整流桥引脚图

$$R_1 = \frac{U_{BE}}{I_R} = \frac{U_{BE}}{I_i - I_B} = \frac{U_{BE}}{I_{o1} - \frac{I_C}{\beta}}$$

式中，I_C 为晶体管 VT 的集电极电流，$I_C = I_o - I_{o1}$；β 为 VT 的电流放大系数；对于锗管，U_{BE} 可按 0.3V 估算，对于硅管，U_{BE} 按 0.7V 估算。

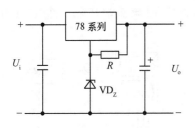

图 13.4 输出电压扩展电路

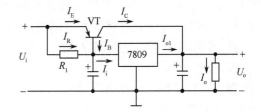

图 13.5 输出电流扩展电路

稳压电源的主要性能指标有：

（1）输出电压 U_o。

（2）最大负载电流 $I_o = I_{om}$。

（3）输出电阻 R_o。

输出电阻 R_o 定义为：当输入电压 U_i（稳压电路输入）保持不变，由于负载变化而引起的输出电压变化量 ΔU_o 与输出电流变化量 ΔI_o 之比，即

$$R_o = \frac{\Delta U_o}{\Delta I_o} \bigg|_{U_i = 常数}$$

（4）稳压系数 S（电压调整率）。

稳压系数定义为：当负载保持不变，输出电压相对变化量与输入电压相对变化量之比，即

$$S = \frac{\Delta U_o / U_o}{\Delta U_i / U_i} \bigg|_{R_L = 常数}$$

由于工程上常把电网电压波动 10% 作为极限条件，因此，也有将此时输出电压的相对变化作为衡量指标，称为电压调整率。

(5) 输出纹波电压。

输出纹波电压是指在额定负载条件下,输出电压中所含交流分量的有效值(或峰值)。

如图 13.6 所示为 79 系列集成块(输出为负)的外形及接线图。

如图 13.7 所示为可调输出正三端集成稳压器 317 外形及接线图。

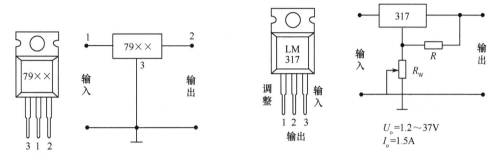

图 13.6　79 系列外形及接线图　　　　图 13.7　317 外形及接线图

三、实验仪器

● 数字示波器　　　　　1 台
● 毫伏表　　　　　　　 1 只
● 模拟电路实验箱　　　 1 台
● 万用表　　　　　　　 1 只

四、实验内容

1. 整流滤波电路测试

按图 13.8 连接实验电路,取模拟电路实验箱上工频 12V 电压作为整流电路的输入电压 E_i。接通工频电源,测量输出端直流电压 U_{oL-} 及纹波电压 $U_{oL\sim}$。用示波器观察 E_i、u_{oL} 的波形,把数据及波形记入表 13.1 中。

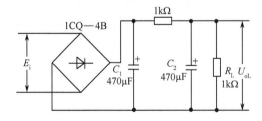

图 13.8　整流滤波电路

表 13.1　整流滤波电路测试数据记录表

$E_i(V)$	$U_{oL\sim}(V)$	$U_{oL-}(V)$	E_i波形	u_{oL}波形
12				

2. 集成稳压器性能测试

断开工频电源,按图 13.2 连接实验电路,取负载电阻 $R_L = 0.1k\Omega$。

(1) 初测。接通工频电源,测量 E_i 值,测量滤波电路输出电压 U_i、集成稳压器输出电压 U_o,它们的数值应与理论值大致相符,否则说明电路出现了故障。若出现故障,应设法找出故障并加以排除。电路经初测进入正常工作状态后,才能进行各项指标的测试。

(2) 各项性能指标测试

① 输出电压 U_o 和输出电流 I_o。在输出端接负载电阻 $R_L = 0.1k\Omega(\geqslant 1W)$,由于 7809 输出电压 $U_o = 9V$,因此,流过 R_L 的电流为 $I_o = 9/100 = 90mA$。这时 U_o 应基本保持不变,若变化较大则说明集成块性能不良。

② 稳压系数 S 的测量。$R_L=0.1k\Omega$，按表 13.2 改变整流电路输入电压 E_i（模拟电网电压波动），分别测出相应的稳压器输入电压 U_i 及输出直流电压 U_o，记入表 13.2 中。

③ 输出电阻 R_o 的测量。取 $E_i=12V$，接通、断开负载 R_L，分别测量输出电压 U_o，记入表 13.3 中。

④ 输出纹波电压的测量。取 $E_i=10V$，$R_L=0.1k\Omega$，测量输入纹波电压 $U_{i\sim}$、输出纹波电压 $U_{o\sim}$，记入表 13.4 中。

表 13.2　稳压系数测量数据记录表

E_i(V)	U_i(V)	U_o(V)	S
10			$S_{12}=$
12			—
14			$S_{23}=$

表 13.3　输出电阻数据测量记录表

R_L	U_o(V)	I_o(mA)	R_o(Ω)
0.1kΩ			
∞			

表 13.4　输出纹波数据测量记录表

$U_{i\sim}$(V)	$U_{o\sim}$(V)

五、预习要求

(1) 复习教材中有关集成稳压器部分的内容。

(2) 在测量稳压系数 S 和输出电阻 R_o 时，应选择什么样的仪表？

六、实验报告

(1) 整理实验数据。

(2) 分析讨论实验中发生的现象和问题。

七、设计性实验

1. 实验目的

通过实验项目，使学生独立完成小功率稳压电源的设计计算、元器件选择、安装调试及指标测试，进一步加深对稳压电路的工作原理、性能指标、实际意义的理解，达到提高工程实践能力的目的。

2. 设计题目

(1) 采用分立元件设计制作一个小型晶体管收音机用的直流稳压电路。主要技术指标如下：

输入交流电压 220V，$f=50Hz$；输出直流电压 $U_o=4.5\sim6V$；输出电流 $I_{omax}\leqslant250mA$；输出纹波电压 $\leqslant100mV$。

(2) 设计一个直流稳压电路，具体设计要求如下：

输入交流电压 220V，$f=50Hz$；输出直流电压 $U_o=8\sim12V$；输出电流 $I_{omax}\leqslant500mA$；输出电流保护 $\geqslant750mA$；输出电阻 $\leqslant0.1\Omega$；稳压系数 $\leqslant0.01$。

3. 实验内容及要求

(1) 按题目要求设计电路，给出电路图，说明电路中的元器件型号、标称值和额定值。

(2) 组装电路并调试，自拟实验步骤，进行参数测试。若测试结果不满足设计指标要求，需要重新调整电路参数，使之达到设计指标要求。

(3) 写出设计、安装、调试、测试指标全部过程的设计报告。

(4) 总结完成该实验的体会。

第二部分

数字电路实验部分

实验 14 TTL 及 CMOS 集成逻辑门的测试与使用

一、实验目的

（1）掌握 TTL 及 CMOS 集成与非门的逻辑功能和主要参数的测试方法。

（2）掌握 TTL 及 CMOS 器件的使用规则。

（3）熟悉数字电路实验箱的结构、基本功能和使用方法。

二、实验原理

1. 74LS20 和 CD4011

本实验采用 TTL 集成电路二四输入与非门 74LS20 和 CMOS 集成电路四二输入与非门 CD4011。

74LS20 是在一块集成电路内含有两个互相独立的与非门，每个与非门有 4 个输入端。其逻辑符号及芯片内部引脚排列如图 14.1 所示。

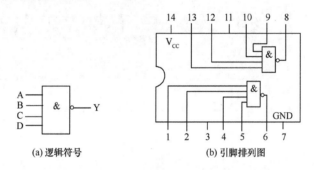

图 14.1　74LS20 逻辑符号及引脚排列图

CD4011 是在一块集成电路内含有 4 个互相独立的与非门，每个与非门有两个输入端。其逻辑符号及芯片内部引脚排列如图 14.2 所示。

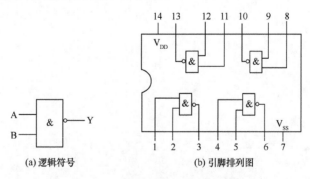

图 14.2　CD4011 逻辑符号及引脚排列图

CMOS 集成电路是将 N 沟道 MOS 晶体管和 P 沟道 MOS 晶体管同时用于一个集成电路中，成为组合两种沟道 MOS 管性能的更优良的集成电路。CMOS 集成电路的主要优点是：

（1）功耗低，其静态工作电流在 10^{-9} A 数量级，是目前所有数字集成电路中最低的，而 TTL 器件的功耗则大得多。

（2）高输入阻抗，通常大于 $10^{10}\Omega$，远高于 TTL 器件的输入阻抗。

（3）接近理想的传输特性，输出高电平可达电源电压的 99.9% 以上，低电平可达电源电压的 0.1% 以下，因此输出逻辑电平的摆幅大，噪声容限很高。

（4）电源电压范围广，可在 3～18V 正常运行。

（5）由于有很高的输入阻抗，要求驱动电流很小，约 $0.1\mu A$，输出电流在 +5V 电源下约为 $500\mu A$，远小于 TTL 电路，若以此电流来驱动同类门电路，其扇出系数将非常大。在低频时，无须考虑扇出系数，但在高频时，后级门电路的输入电容将成为主要负载，使其扇出能力下降，所以在较高频率工作时，CMOS 电路的扇出系数一般取 10～20。

2. TTL 和 CMOS 门电路的逻辑功能

CMOS 与 TTL 电路的内部结构不同，但它们的逻辑功能完全一样。与非门的逻辑功能是：当输入端中有一个或一个以上是低电平时，输出端为高电平；只有当输入端全部为高电平时，输出端才是低电平。其逻辑表达式为 $Y=\overline{AB\cdots}$。

3. TTL 集成电路的使用规则

（1）接插集成电路时，要认清定位标记，不得插反。

（2）电源电压使用范围为 4.5～5.5V，实验中要求 $V_{CC}=+5V$，电源极性不允许接错。

（3）闲置输入端处理方法：

①悬空，相当于逻辑"1"，对于一般小规模集成电路的数据输入端，实验时允许悬空处理，但易受外界干扰，导致电路的逻辑功能不正常。因此，对于接有长线的输入端、中规模以上的集成电路和使用集成电路较多的复杂电路，所有控制输入端必须按逻辑要求接入电路，不允许悬空。

② 直接接到电源电压 V_{CC}（也可以串入一只 1～10kΩ 的固定电阻）或接至某一固定电压（2.4V<U<4.5V）的电源上，或与输入端为接地的多余与非门的输出端相接。

③ 若前级驱动能力允许，可以与使用的输入端并联。

（4）输入端通过电阻接地，电阻值的大小将直接影响电路所处的状态。当 $R\leqslant680\Omega$ 时，输入端相当于逻辑"0"；当 $R\geqslant4.7k\Omega$ 时，输入端相当于逻辑"1"。特别需要说明的是：对于不同系列的器件，要求的电阻阻值有所不同。

（5）输出端不允许并联使用（集电极开路门（OC）和三态输出门电路（TS）除外），否则不仅会使电路逻辑功能混乱，并会导致器件损坏。

（6）输出端不允许直接接地或直接接 +5V 电源，否则将损坏器件，有时为了使后级电路获得较高的输出电平，允许输出端通过电阻 R 接至 V_{CC}，一般取电阻 $R=3\sim5.1k\Omega$。

4. CMOS 集成电路的使用规则

CMOS 电路有很高的输入阻抗，给使用者带来一定的麻烦，即外来的干扰信号很容易在一些悬空的输入端上感应出很高的电压，导致器件损坏。CMOS 电路的使用规则如下：

（1）V_{DD} 接电源正极，V_{SS} 接电源负极（通常接地），不得接反。4000 系列的电源允许电压在 3～18V 范围内选择，实验中一般要求使用 +5～+15V 电源。

（2）所有输入端一律不准悬空，闲置输入端的处理方法：

① 按照逻辑要求，直接接 V_{DD}（与非门）或 V_{SS}（或非门）；

② 在工作频率不高的电路中，允许输入端并联使用。

（3）输出端不允许直接与 V_{DD} 或 V_{SS} 连接，否则将导致器件损坏。

（4）装接电路，改变电路连接或插、拔电路时，应切断电源，严禁带电操作。

（5）焊接、测试和存储时的注意事项：

① 电路应存放在导电的容器内，容器要有良好的静电屏蔽；

② 焊接时必须切断电源，电烙铁外壳必须良好接地，或拔下烙铁，利用余热焊接；

③ 所有的测试仪器必须良好接地；

④ 若信号源与 CMOS 器件使用两组电源供电，应先打开 CMOS 电源，关机时，先关信号源，最后才关 CMOS 电源。

5. TTL 与非门的主要参数

（1）低电平输出电源电流 I_{CCL} 和高电平输出电源电流 I_{CCH}。与非门处于不同的工作状态，电源提供的电流是不同的。I_{CCL} 是指所有输入端悬空、输出端空载时，电源提供器件的电流。通常 $I_{CCL} > I_{CCH}$，它们的大小标志着器件静态功耗的大小。器件最大的功耗为 $P_{CCL} = V_{CC} I_{CCL}$。器件手册中提供的电源电流和功耗值是指整个器件总的电源电流和总的功耗。I_{CCL} 和 I_{CCH} 测试电路如图 14.3(a)、(b)所示。

注意：TTL 电路对电源电压要求较严，电源电压 V_{CC} 只允许在 $+5V \pm 10\%$ 范围内工作，超过 5.5V 将损坏器件，低于 4.5V 器件的逻辑功能将不正常。

（2）低电平输入电流 I_{iL} 与高电平输入电流 I_{iH}。I_{iL} 是指被测输入端接地、其余输入端悬空时，由被测输入端流出的电流值。在多级门电路中，I_{iL} 相当于前级门输出低电平时后级向前级门灌入的电流，因此，I_{iL} 关到前级门的灌负载能力，即直接影响前级门电路带负载的个数，因此希望 I_{iL} 小一些。

I_{iH} 是指被测输入端接高电平、其余输入端接地时，流入被测输入端的电流值。在多级门电路中，它相当于前级门输出高电平时前级门的拉负载的电流，其大小关系到前级门的拉电流负载能力，希望 I_{iH} 小一些。由于 I_{iH} 较小，难以测量，一般免于测试。

I_{iL} 与 I_{iH} 的测试电路如图 14.3(c)、(d)所示。

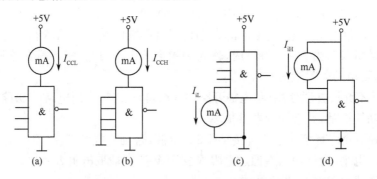

图 14.3 I_{CCL}、I_{CCH}、I_{iL} 与 I_{iH} 的测试电路

（3）扇出系数 N_o。扇出系数是指门电路能驱动同类门的个数。它是衡量门电路带负载能力的一个参数。TTL 与非门有两种不同性质的负载，即灌电流负载和拉电流负载，因此有两种扇出系数，即低电平扇出系数 N_{oL} 和高电平扇出系数 N_{oH}。通常 $I_{iH} < I_{iL}$，所以 $N_{oH} > N_{oL}$，故常以 N_{oL} 作为 TTL 与非门的扇出系数。

N_{oL} 的测试电路如图 14.4 所示。门的输入端全部悬空，输出端接灌电流负载 R_L，调节 R_L 使 I_{OL} 增大，U_{OL} 随之增高，当 U_{OL} 达到 U_{OLm}（即 U_{OL} 增至器件手册中规定的低电平规范值 0.4V）时的 I_{OL} 就是允许灌入的最大负载电流，则

$$N_{oL} = \frac{I_{OL}}{I_{iL}} \quad (通常\ N_{oL} \geqslant 8)$$

（4）电压传输特性。门的输出电压 U_o 随输入电压 U_i 而变化的曲线 $U_o = f(U_i)$，称为门的电压传输特性，通过它可读得门电路的一些重要参数。如输出高电平 U_{OH}、输出低电平 U_{OL}、关门电平 U_{OFF}、开门电平 U_{ON}、阈值电平 U_T 及抗干扰容限 U_{NL}、U_{NH} 等，测试电路如图 14.5 所示。采用逐点测试法，即调节 R_W，逐点测得 U_i 及 U_o，然后绘成曲线。

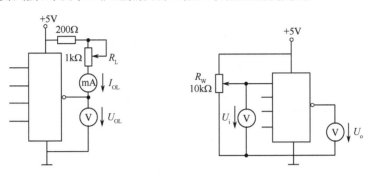

图 14.4　N_{oL} 测试电路　　　图 14.5　电压传输特性

（5）平均传输延迟时间 t_{pd}。t_{pd} 是衡量门电路开关速度的参数，是指输出波形边沿的 $0.5U_m$ 至输入波形对应边沿 $0.5U_m$ 的时间间隔，如图 14.6（a）所示。图中，t_{pdL} 为导通延迟时间，t_{pdH} 为截止延迟时间，平均传输延迟时间为

$$t_{pd} = \frac{1}{2}(t_{pdL} + t_{pdH})$$

t_{pd} 测试电路如图 14.6（b）所示，由于 TTL 门电路的延迟时间较小，直接测量时对信号发生器和示波器的性能要求较高，故实验采用测量由奇数个与非门组成的环形振荡器的振荡周期 T 来求得。其工作原理是：假设电路在接通电源后某一瞬间，电路中的 A 点为逻辑"1"，经过 3 级门的延时后，使 A 点由原来的逻辑"1"变为逻辑"0"；再经过 3 级门的延时后，A 点电平又重新回到逻辑"1"。电路的其他各点电平也跟随变化。这说明使 A 点发生一个周期的振荡，必须经过 6 级门的延迟时间。因此平均传输延迟时间为

$$t_{pd} = \frac{T}{6}$$

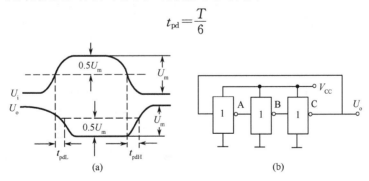

图 14.6　平均传输延迟时间的测试电路

6. CMOS 与非门的主要参数

CMOS 与非门的主要参数的定义及测试方法与 TTL 与非门相仿，此处从略。

三、实验仪器与器件

- 数字电路实验箱　　　1台
- 直流数字电压表　　　1台
- 直流毫安表　　　　　1只
- 直流微安表　　　　　1只
- 变阻器 WS-30-1K(10kΩ)；电阻器(200Ω,0.5W)、电位器(100kΩ)、电阻(1kΩ)各一个
- 集成电路芯片：74LS20(二四输入与非门)；CD4011(四二输入与非门)

集成电路引脚分布如图 14.7 所示。

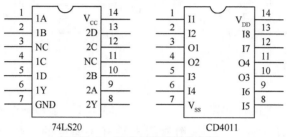

图 14.7　集成电路引脚分布图

四、实验内容

在数字电路实验箱上选取两个 14 脚的插座，分别将 74LS20 和 CD4011 接好导线，实验参考连线电路如图 14.8 所示，检查无误后方可打开电源。

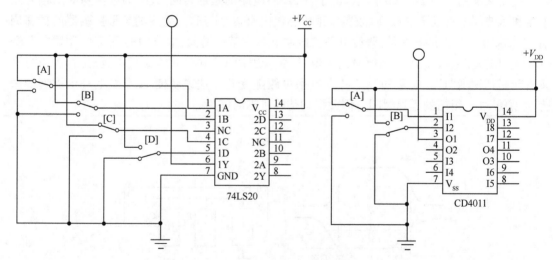

图 14.8　实验参考连线电路

1. 验证 TTL 集成与非门 74LS20 和 CMOS 集成与非门 CD4011 的逻辑功能

(1) 74LS20 的 4 个输入端接逻辑开关输出插口，以提供"0"与"1"电平信号，开关向上，输出逻辑"1"，开关向下，输出为逻辑"0"，门的输出端接至数字电路实验箱逻辑笔的输入口，拨动逻辑开关，按表 14.1 的真值表逐个测试 74LS20 的逻辑功能，并记入表中。

表 14.1 74LS20 逻辑功能测试记录表

输	入			输 出
A	B	C	D	
1	1	1	1	
0	1	1	1	
0	0	1	1	
0	0	0	1	
0	0	0	0	

(2)CD4011 的两个输入端接两个逻辑开关输出插口,按上述测试方法测量,将测量结果记录在表 14.2 中。

表 14.2 CD4011 逻辑功能测试记录表

输	入	输 出
A	B	
1	1	
0	1	
1	0	
0	0	

2.74LS20 和 CD4011 主要参数的测试

(1)分别按图 14.3 和图 14.4 接线,将测试结果记入表 14.3 中。

表 14.3 主要参数的测试记录表

型 号	$I_{CCL}(mA)$	$I_{CCH}(mA)$	$I_{iL}(\mu A)$	$I_{OL}(\mu A)$	$N_{oL} = \dfrac{I_{OL}}{I_{iL}}$	$t_{pd} = \dfrac{T}{6}$
74LS20						
CD4011						

(2)按图 14.5 接线,调节电位器 R_w 使 U_i 从 0V 向高电平变化,逐点测量 U_i 和 U_o 的对应值,记入表 14.4 中。

表 14.4 电压传输特性测量记录表

型 号	$U_i(V)$	0	0.2	0.4	0.6	0.8	1.0	1.5	2.0	2.5	3.0	3.5	4.0
74LS20	$U_o(V)$												
CD4011	$U_o(V)$												

五、预习要求

(1)复习教材中常用的门电路的基本逻辑关系。

(2)熟练掌握常用逻辑门的各引脚功能。

(3)画出各实验内容的测试电路与数据记录表格。

六、实验报告

(1)画出实验电路,并标明电源值,整理实验原始记录数据。

(2)总结实验过程中遇到的问题和解决的方法。

实验 15 三态输出门

一、实验目的
(1) 学会使用中规模集成电路三态输出门并验证其逻辑功能。
(2) 掌握三态输出门的应用。

二、实验原理

三态输出门(Three-State Output,简称 TS 门)是一种特殊的门电路,它与普通的门电路有所不同,其输出端除了通常为高、低电平两种状态外(这两种状态均为低阻状态),还有第三种输出状态——高阻状态,处于高阻状态时,电路与负载之间相当于开路。三态输出门有一个控制端(禁止端或使能端)。对于普通的 TTL 门电路,由于输出级采用推拉式输出电路,无论输出是高电平还是低电平,输出阻抗都很低,因此,通常不允许将它们的输出端并接在一起使用。三态输出门是特殊的 TTL 门电路,允许把输出端直接并接在一起使用,前提条件是输出端并接在一起的各个三态门的控制端不允许同时使能,否则将损坏三态门。三态门按逻辑功能及控制方式来分有各种不同类型,本实验所采用的型号是 74LS125,为三态输出四总线缓冲器。由图 15.1 可知,74LS125 有 4 个三态缓冲器,则有 4 个控制端,$1\overline{G}$、$2\overline{G}$、$3\overline{G}$、$4\overline{G}$ 均为低电平有效,当某一个控制端为低电平时(使能),该门实现 Y=A 的逻辑功能;为高电平时,为禁止状态,输出 Y 为高阻状态。

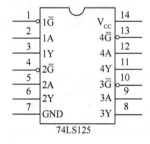

图 15.1 74LS125 的引脚分布图

三态门主要用途之一是分时实现总线传输,即用一个传输通道(总线)以选通方式传送多路信息。电路中将若干个三态门输出端直接接在一总线上,使用时,要求某一时刻只允许有一个三态输出门控制端处于使能态——低电平,可传输信息,而其余各门的控制端均处于禁止态——高电平。因为三态门输出电路的结构与普通 TTL 电路相同,所以,若同时有两个或两个以上的 TS 门的控制端处于使能态,将出现与普通 TTL 门"线与"运用时同样的问题,从而损坏器件,这是绝对不允许的。

三、实验仪器与器件
● 数字电路实验箱   1 台
● 集成电路芯片:74LS125(三态输出四缓冲器)

四、实验内容
1. 测试 74LS125 三态门的逻辑功能
将三态门的输入端、控制端接逻辑开关,输出端接逻辑笔的输入插口。测试集成电路中的门的逻辑功能,记入表 15.1 中。表中,$\overline{G}$,A,Y 为 TS 门的控制端、输入端和输出端。

表 15.1 测试 74LS125 三态门的逻辑功能记录表

输 入		输 出
$\overline{G}$	A	Y
0	0/1	
1	0/1	

2. 三态门的应用

利用三态门构成数据总线可分时传输信息。将 74LS125 中的 4 个三态门按图 15.2 连接,各输入端分别加入一路信号,各控制端分别接逻辑开关 K,各输出端连接在一起后再接至逻辑笔的插口,先使 4 个三态门的控制端 $\overline{G}$ 均为高电平"1",即输出处于禁止状态,方可接通电源,此时逻辑笔的黄色指示灯亮,表明总线为高阻状态。然后轮流使其中一个门的控制端接低电平"0",观察逻辑笔指示灯的显示状态(即总线上的状态)。操作时注意,应先使 3 个三态门处于禁止状态,再让另一个门开始传送数据,即将三态门输入的 4 路信号分别分时送到总线上(逻辑笔插口)。观察并将实验结果记入表 15.2 中(表中 $K_1 \sim K_4$ 为各三态门控制端)。

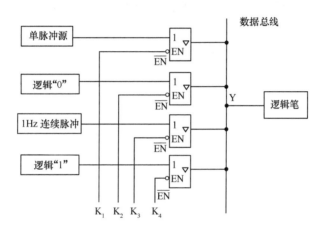

图 15.2 三态门实现总线传输数据

表 15.2 实验结果记录

K_1	K_2	K_3	K_4	Y
1	1	1	1	
0	1	1	1	
1	0	1	1	
1	1	0	1	
1	1	1	0	

五、预习要求

(1) 熟练掌握常用逻辑门及三态门的逻辑功能。

(2) 预习利用三态输出门作分时传输数据电路的工作原理。

六、实验报告

(1) 画出实验电路,并标明电源值,整理实验原始记录数据。

（2）总结实验过程中遇到的问题和解决的方法。

七、设计性实验

1. 实验目的

通过实验,体会动手实践对电路设计的重要性,进一步掌握三态门的性能及应用。

2. 设计题目

（1）利用74LS125三态门设计一个开关控制两路信号传输的电路。

（2）可附加少量的门电路,两个三态门的输出端接在一个指示灯上。

（3）两路输入信号,一路是频率为1Hz的矩形波,另一路为单脉冲源信号。

3. 实验内容及要求

（1）写出设计报告,包括设计原理、设计电路及选择电路元器件参数。

（2）组装和调试设计电路,检验电路是否满足设计要求并动手演示。如不满足,重新调试,使其满足设计题目要求。

（3）写出实验总结报告,画出调试成功的设计电路。

实验 16　集电极开路门(OC 门)

一、实验目的

(1) 掌握 TTL 集电极开路门(OC 门) 的逻辑功能及应用。

(2) 了解集电极负载电阻 R_L 对集电极开路门的影响。

(3) 了解 TTL 电路与 CMOS 电路的接口方法。

二、实验原理

本实验所用 OC 与非门(集电极开路门)型号为 74LS03(四二输入与非门)。OC 与非门的输出管 VT_3 的集电极是悬空的,工作时输出端必须通过一只外接电阻 R_L 和电源 V_{CC} 相连接,以保证输出电平符合电路要求。OC 与非门内部逻辑图如图 16.1 所示。

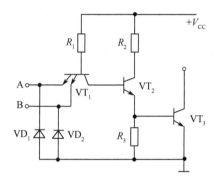

图 16.1　OC 与非门内部逻辑图

OC 门的应用主要有以下两个方面。

(1) 利用电路的"线与"特性,可方便地完成某些特定的逻辑功能。如图 16.2(a)所示,将两个 OC 与非门的输出端直接并联在一起,则它们的输出为

$$Y = F_A \cdot F_B = \overline{A_1 A_2} \cdot \overline{B_1 B_2} = \overline{A_1 A_2 + B_1 B_2}$$

即把两个或两个以上 OC 与非门"线与"后,可完成"与或非"的逻辑功能。

(2) 实现逻辑电平转换,驱动荧光数码管、继电器、MOS 器件等多种数字集成电路。

OC 门输出并联运用时,负载电阻 R_L 的选择:图 16.2(b)中由 n 个 OC 与非门"线与"驱动有 m 个输入端的 N 个 TTL 与非门,为保证 OC 与非门输出电平符合逻辑要求,负载电阻 R_L 阻值的选择范围为

$$R_{Lmax} = \frac{V'_{CC} - U_{0H}}{n I_{0H} - m I_{iH}}$$

$$R_{Lmin} = \frac{V'_{CC} - U_{0L}}{I_{LM} - m I_{iL}}$$

式中,I_{0H} 为 OC 门输出管截止时(输出高电平)的漏电流(约 $50 \mu A$);I_{LM} 为 OC 门输出低电平时允许的最大灌入负载电流(约 20mA);I_{iH} 为负载门高电平输入电流($< 50 \mu A$);I_{iL} 为负载门低电平输入电流($< 1.6 mA$);V'_{CC} 为 R_L 外接电源电压;n 为 OC 门个数;N 为负载门个数;m 为接

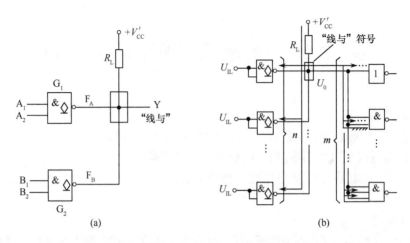

图 16.2　OC 与非门"线与"电路与 OC 与非门负载电阻 R_L 的确定

入电路的负载门输入端总个数。

R_L 值须小于 R_{Lmax}，否则 U_{0H} 将下降，R_L 值须大于 R_{Lmin}，否则 U_{0H} 将上升。R_L 的大小会影响输出波形的边沿时间，在工作速度较高时，R_L 应尽量选取接近 R_{Lmin}。

除了 OC 与非门外，还有其他类型的 OC 器件，R_L 的选取方法与此类同。

三、实验仪器与器件

● 数字电路实验箱　　1 台
● 集成电路芯片：74LS04（六反相器）；CD4011（四二输入与非门）；74LS20（二四输入与非门）；74LS03（OC 门四二输入与非门）

各集成电路芯片的引脚分布如图 16.3 所示。

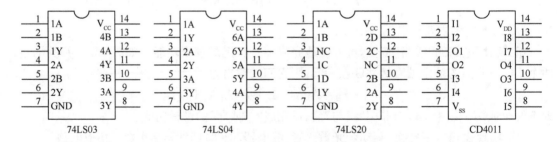

图 16.3　各集成电路芯片的引脚分布图

四、实验内容

1. TTL 集电极开路与非门 74LS03 负载电阻 R_L 的确定

用两个集电极开路与非门"线与"去驱动一个 TTL 非门 74LS04。电路如图 16.4(a)所示。

负载电阻 R_L 由一个 200Ω 电阻和一个 $20k\Omega$ 电位器串接而成，取 $V_{CC}=5V$，$U_{oH}=3.5V$，$U_{oL}=0.3V$。接通电源，用逻辑开关改变两个 OC 门的输入状态（逻辑开关分别为 K_1，K_2，K_3，K_4），先使 OC 门"线与"输出高电平，调节 R_W 致使 $U_{oH}=3.5V$，测得此时的 R_L 即为 R_{Lmax}，再使电路输出低电平 $U_{oL}=0.3V$，测得此时的 R_L 即为 R_{Lmin}。电路连接如图 16.4(b)所示，测试 R_L 记入表 16.1 中。

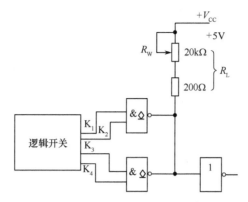

(a) 74LS03 负载电阻 R_L 的确定

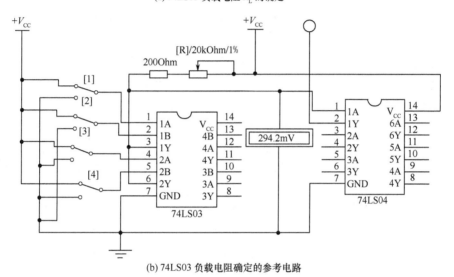

(b) 74LS03 负载电阻确定的参考电路

图 16.4 74LS03 负载电阻的确定及实验电路图

表 16.1 调节 R_W 确定 R_L 测试记录表

$U_{oH}=3.5V$	$U_{oL}=0.3V$
$R_{Wmax}=$	$R_{Wmin}=$
$R_{Lmax}=$	$R_{Lmin}=$

2. 集电极开路门的应用

用 OC 门作 TTL 电路以驱动 CMOS 电路的接口电路,实现电平转换,实验电路如图 16.5 所示。TTL 电路驱动 CMOS 电路时,由于 CMOS 电路的输入阻抗高,故此驱动电流一般不会受到限制,但在电平配合问题上,低电平是可以的,高电平时有困难,因为 TTL 电路在满载时,输出高电平通常低于 CMOS 电路对输入高电平的要求,因此为保证 TTL 电路输出高电平时后级的 CMOS 电路能可靠工作,通常必须设法将 TTL 电路输出的高电平提升到 3.5V 以上。这里采用 TTL 电路的 OC 门驱动门。OC 门输出端三极管的耐压较高,可达 30V 以上。

(1)在电路输入端加不同的逻辑电平值,用直流数字电压表测量集电极开路与非门 74LS03 的输出 B 点电平值及 CMOS 与非门 CD4011 的输出 C 点电平值。实验结果记入表 16.2 中。

(2)在电路输入端加 1kHz 的方波信号,用示波器观察 A、B、C 各点电压波形幅值的变化。

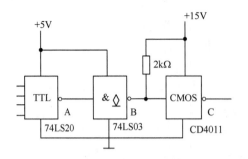

图 16.5 OC 门作 TTL 电路以
驱动 CMOS 电路的接口电路

表 16.2 图 16.5 的实验结果记录

输　入	输　出	
	B 点电平	C 点电平
U_{iL}		
U_{iH}		

OC 门 TTL 电路驱动 CMOS 电路的接口电路的实验参考电路如图 16.6 所示。

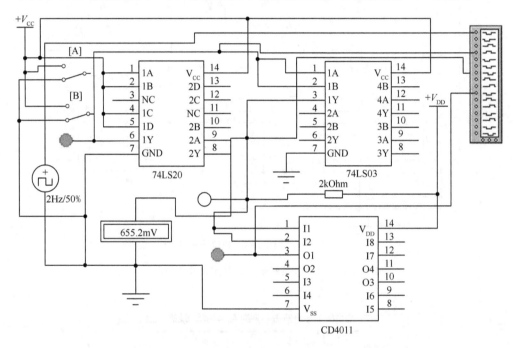

图 16.6　OC 门电路驱动 CMOS 电路的接口电路的参考电路

五、预习要求

(1) 复习 TTL 集电极开路门的工作原理。

(2) 预习 TTL 电路与 CMOS 电路的接口。

六、实验报告

(1) 画出实验电路,并标明有关外接元件的参数值。

(2) 整理分析实验结果,总结集电极开路门的优、缺点。

(3) 在使用总线传输时,能不能同时接 OC 门和三态门? 为什么?

实验 17 译码器及其应用

一、实验目的
(1) 掌握译码器的逻辑功能。
(2) 学习译码器的应用。

二、实验原理
(1) 译码器是一个多输入、多输出的组合逻辑电路。它的作用是把给定的代码进行"翻译",变成相应的状态,使输出通道中相应的一路有信号输出。译码器在数字系统中有广泛的用途,不仅用于代码的转换、终端的数字显示,还用于数据分配、存储器寻址和组合控制信号等。不同的功能可选用不同种类的译码器。

(2) 变量译码器(二进制译码器)用以表示输入变量的状态,如 2 线-4 线、3 线-8 线和 4 线-16 线译码器。若有 n 个输入变量,则有 2^n 个不同的组合状态,就有 2^n 个输出端供其使用。而每一个输出所代表的函数对应于 n 个输入变量的最小项。下面以 3 线-8 线译码器 74LS138 为例进行分析,图 17.1 所示为其内部逻辑图。

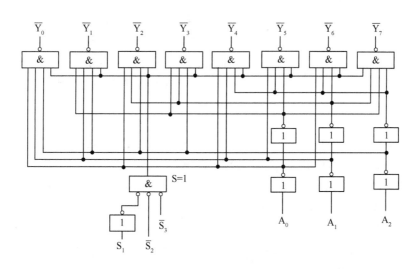

图 17.1 74LS138 3 线-8 线译码器逻辑图

图 17.1 中,A_0、A_1、A_2 为输入端,$\overline{Y_0} \sim \overline{Y_7}$ 是译码器的输出端,S_1、$\overline{S_2}$、$\overline{S_3}$ 是使能端。由 74LS138 的功能可知,当 $S_1 = 1$,$\overline{S_2} + \overline{S_3} = 0$ 时,译码器使能,$A_0 A_1 A_2$ 取值的组合将决定 $\overline{Y_0} \sim \overline{Y_7}$ 中某一个输出端有效(低电平有效为"0"),而其他所有输出端均无信号输出(输出全为高电平"1")。当 $S_1 = 0$,$\overline{S_2} + \overline{S_3} = \times$ 时,或 $S_1 = \times$,$\overline{S_2} + \overline{S_3} = 1$ 时,译码器被禁止,所有输出端同时为高电平"1"。3 线-8 线译码器的功能表见表 17.1。

表 17.1　3 线-8 线译码器 74LS138 的功能表

输　入					输　出							
S_1	$\overline{S_2}+\overline{S_3}$	A_2	A_1	A_0	$\overline{Y_0}$	$\overline{Y_1}$	$\overline{Y_2}$	$\overline{Y_3}$	$\overline{Y_4}$	$\overline{Y_5}$	$\overline{Y_6}$	$\overline{Y_7}$
$\times$	1	$\times$	$\times$	$\times$	1	1	1	1	1	1	1	1
0	$\times$	$\times$	$\times$	$\times$	1	1	1	1	1	1	1	1
1	0	0	0	0	0	1	1	1	1	1	1	1
1	0	0	0	1	1	0	1	1	1	1	1	1
1	0	0	1	0	1	1	0	1	1	1	1	1
1	0	0	1	1	1	1	1	0	1	1	1	1
1	0	1	0	0	1	1	1	1	0	1	1	1
1	0	1	0	1	1	1	1	1	1	0	1	1
1	0	1	1	0	1	1	1	1	1	1	0	1
1	0	1	1	1	1	1	1	1	1	1	1	0

三、实验仪器与器件

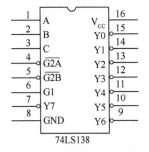

图 17.2　74LS138 的引脚分布图

● 数字电路实验箱　　　 1 台
● 集成电路芯片：74LS138(3 线-8 线译码器)
74LS138 的引脚分布如图 17.2 所示。

四、实验内容

1.74LS138 译码器的逻辑功能测试

将译码器使能端 S_1、$\overline{S_2}$、$\overline{S_3}$ 及地址端(输入变量)A_0、A_1、A_2 分别接到逻辑开关,8 个输出端 $\overline{Y_0}\sim\overline{Y_7}$ 依次连接在 0-1 指示器的 8 个插口上,拨动逻辑开关,按照 74LS138 的功能表逐项测试其逻辑功能。

注意:74LS138 的引脚符号和其真值表中符号的对应关系为:
$A=A_0$(低位),$B=A_1$,$C=A_2$(高位);$\overline{G2A}=\overline{S_2}$;$\overline{G2B}=\overline{S_3}$,$G1=S_1$

2. 译码器的应用——利用译码器做数据分配器

用 74LS138 译码器使能端中的一个输入端输入数据信息,器件就成为一个数据分配器(多路分配器),若从 S_1 输入端送入数据(单脉冲源作为数据源或用逻辑开关给出的高、低电平作为数据),$\overline{S_2}+\overline{S_3}=0$,译码器所对应的输出是 S_1 端输入数据的反码(即 $S_1=1$,输出与之相反为"0");若从 $\overline{S_2}$ 端输入数据(连续脉冲源作为输入数据或用逻辑开关给出的高、低电平作为数据),令 $S_1=1$,$\overline{S_3}=0$ 时,译码器所对应的输出就是 $\overline{S_2}$ 端数据信息的原码(即 $\overline{S_2}=1$,输出=1)。

实验结果记入表 17.2 中。

表 17.2　74LS138 做数据分配器实验结果记录表

$A_2 A_1 A_0$(C B A)	$\overline{S_2}$输入(S_1=1,$\overline{S_3}$=0)	输出 Y_i=0/1	S_1输入($\overline{S_2}+\overline{S_3}$=0)	输出 Y_i=0/1
111	1		1	
111	0		0	
011	1		1	
011	0		0	

由此可见,将 A_2,A_1,A_0 作为"地址"输入端。根据其变量取值的不同组合,由 S_1 或 $\overline{S_2}$ 端送来的数据只能通过由 A_2,A_1,A_0 所指定的一根输出线送出去。这就不难理解把 A_2,A_1,A_0

称为地址输入变量,译码器称为地址译码器。利用译码器,根据需要,可接成多路数据分配器,可将一个信号源的信息(数据)传输分配到不同地址的地点。

五、预习要求

(1) 复习有关译码器和数据分配器的原理。

(2) 根据实验任务,画出所需的实验线路及逻辑函数表达式。

六、实验报告

对实验结果进行分析整理,写出实验报告。

七、设计性实验

1. 实验目的

通过实验,体会利用芯片进行电路设计的重要性,进一步掌握 74LS138 译码器的性能及应用。

2. 设计题目

(1) 利用译码器实现逻辑函数:请用 74LS138 译码器和与非门实现下列函数(并画出逻辑图)

$$Z=\overline{A}\,\overline{B}\,\overline{C}+\overline{A}B\,\overline{C}+\overline{A}\,\overline{B}\,C+ABC$$

(2) 利用使能端将两个 74LS138 译码器组合成一个 4 线-16 线译码器。

3. 实验内容及要求

(1) 写出设计报告,包括设计原理、设计电路及选择电路元器件参数。

(2) 组装和调试设计电路,检验电路是否满足设计要求并动手演示。如不满足,重新调试,使其满足设计题目要求。

(3) 写出实验总结报告,并画出调试成功的设计电路。

实验 18　数据选择器及其应用

一、实验目的

(1) 掌握中规模集成数据选择器的逻辑功能及使用方法。

(2) 学习用数据选择器构成组合逻辑电路的方法。

二、实验原理

数据选择器又叫"多路开关"。数据选择器在地址码(或叫选择控制)电位的控制下,从几个数据输入中选择一个并将其送到一个公共的输出端。数据选择器的功能类似一个多掷开关,如图 18.1 所示,图中有 4 路数据 $D_0 \sim D_3$,通过选择控制信号 A_1、A_0(地址码)从 4 路数据中选中某一路数据送至输出端 Q。数据选择器的用途很多,例如多通道传输、数码比较、并行码变串行码及实现逻辑函数等。

数据选择器为目前逻辑设计中应用十分广泛的逻辑部件,它有 2 选 1、4 选 1、8 选 1、16 选 1 等类别。

1. 双 4 选 1 数据选择器 74LS153

所谓双 4 选 1 数据选择器就是在一块集成芯片上有两个 4 选 1 数据选择器。引脚排列如图 18.4 所示,功能如表 18.1 所示。

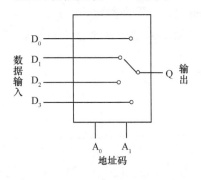

图 18.1　4 选 1 数据选择器示意图

表 18.1　74LS153 功能表

输　　　入			输　出
$\overline{S}$	A_1	A_0	Q
1	×	×	0
0	0	0	D_0
0	0	1	D_1
0	1	0	D_2
0	1	1	D_3

$1\overline{S}$、$2\overline{S}$ 为两个独立的使能端;A_1、A_0 为公用的地址输入端;$1D_0 \sim 1D_3$ 和 $2D_0 \sim 2D_3$ 分别为两个 4 选 1 数据选择器的数据输入端;Q_1、Q_2 为两个输出端。

① 当使能端 $1\overline{S}(2\overline{S})=1$ 时,多路开关被禁止,无输出,Q=0。

② 当使能端 $1\overline{S}(2\overline{S})=0$ 时,多路开关正常工作,根据地址码 A_1、A_0 的状态,将相应的数据 $D_0 \sim D_3$ 送到输出端 Q。

例如:$A_1 A_0 = 00$,则选择 D_0 数据到输出端,即 $Q = D_0$;

$A_1 A_0 = 01$,则选择 D_1 数据到输出端,即 $Q = D_1$,其余类推。

2. 8 选 1 数据选择器 74LS151

74LS151 为互补输出的 8 选 1 数据选择器,引脚排列如图 18.4 所示,功能如表 18.2 所示。

选择控制端(地址端)为 $A_2 \sim A_0$,按二进制译码,从 8 个输入数据 $D_0 \sim D_7$ 中,选择一个需要的数据送到输出端 Q，$\overline{S}$ 为使能端，低电平有效。

表 18.2　74LS151 功能表

输 入				输 出	
$\overline{S}$	A_2	A_1	A_0	Q	$\overline{Q}$
1	×	×	×	0	1
0	0	0	0	D_0	$\overline{D_0}$
0	0	0	1	D_1	$\overline{D_1}$
0	0	1	0	D_2	$\overline{D_2}$
0	0	1	1	D_3	$\overline{D_3}$
0	1	0	0	D_4	$\overline{D_4}$
0	1	0	1	D_5	$\overline{D_5}$
0	1	1	0	D_6	$\overline{D_6}$
0	1	1	1	D_7	$\overline{D_7}$

使能端 $\overline{S}=1$ 时，不论 $A_2 \sim A_0$ 状态如何，均无输出（$Q=0$，$\overline{Q}=1$），多路开关被禁止。

使能端 $\overline{S}=0$ 时，多路开关正常工作，根据地址码 A_2、A_1、A_0 的状态选择 $D_0 \sim D_7$ 中某一个通道的数据输送到输出端 Q。

例如：$A_2 A_1 A_0 = 000$，则选择 D_0 数据到输出端，即 $Q = D_0$；

　　　$A_2 A_1 A_0 = 001$，则选择 D_1 数据到输出端，即 $Q = D_1$，其余类推。

3. 数据选择器实现逻辑函数

例 1：用 8 选 1 数据选择器 74LS151 实现函数

$$F = A\overline{B} + \overline{A}C + B\overline{C}$$

采用 8 选 1 数据选择器 74LS151 可实现任意三输入变量的组合逻辑函数。

作出函数 F 的功能表，如表 18.3 所示，将函数 F 功能表与 8 选 1 数据选择器的功能表相比较，可知：①将输入变量 C、B、A 作为 8 选 1 数据选择器的地址码 A_2、A_1、A_0；②使 8 选 1 数据选择器的各数据输入 $D_0 \sim D_7$ 分别与函数 F 的输出值一一相对应。

即：$A_2 A_1 A_0 = CBA$

$D_0 = D_7 = 0$

$D_1 = D_2 = D_3 = D_4 = D_5 = D_6 = 1$

表 18.3　函数功能表

输 入			输 出
C	B	A	F
0	0	0	0
0	0	1	1
0	1	0	1
0	1	1	1
1	0	0	0
1	0	1	1
1	1	0	1
1	1	1	0

则 8 选 1 数据选择器的输出 Q 便实现了函数 $F = A\overline{B} + \overline{A}C + B\overline{C}$。接线图如图 18.2 所示。

显然，采用具有 n 个地址端的数据选择实现 n 变量的逻辑函数时，应将函数的输入变量加到数据选择器的地址端（A），选择器的数据输入端（D）按次序以函数 F 输出值来赋值。

例 2：用 4 选 1 数据选择器 74LS153 实现函数

$$F = \overline{A}BC + A\overline{B}C + AB\overline{C} + ABC$$

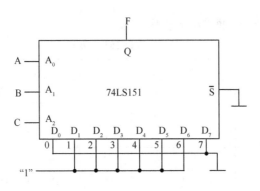

图 18.2 接线图

函数 F 的功能如表 18.4 所示。

函数 F 有 3 个输入变量 A、B、C,而数据选择器有两个地址端 A_1、A_0,少于函数输入变量个数,在设计时可任选 A 接 A_1,B 接 A_0。将函数功能表改画成表 18.5 形式,可见当将输入变量 A、B、C 中 A、B 接选择器的地址端 A_1、A_0,由表 18.5 不难看出:

$$D_0=0, \quad D_1=D_2=C, \quad D_3=1$$

则 4 选 1 数据选择器的输出,便实现了函数 $F=\overline{A}\overline{B}C+A\overline{B}C+AB\overline{C}+ABC$,接线图如图 18.3 所示。

当函数输入变量大于数据选择器地址端(A)时,可能随着选用函数输入变量作地址的方案不同,而使其设计结果不同,需对几种方案比较,以获得最佳方案。

表 18.4 函数功能表(1)

输入			输出
A	B	C	F
0	0	0	0
0	0	1	0
0	1	0	0
0	1	1	1
1	0	0	0
1	0	1	1
1	1	0	1
1	1	1	1

表 18.5 函数功能表(2)

输入			输出	中选数据端
A	B	C	F	
0	0	0	0	$D_0=0$
		1	0	
0	1	0	0	$D_1=C$
		1	1	
1	0	0	0	$D_2=C$
		1	1	
1	1	0	1	$D_3=1$
		1	1	

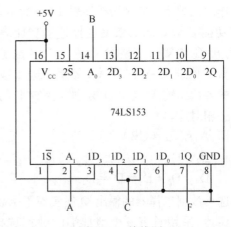

图 18.3 接线图

三、实验仪器与器件

● 数字实验箱　　1 台

● 集成电路芯片:74LS153(双 4 选 1 数据选择器);74LS151(8 选 1 数据选择器);74LS04(反相器);74LS32(双门)

数据选择器芯片的引脚分布如图 18.4 所示,其余引脚分布见附录图 B.1。

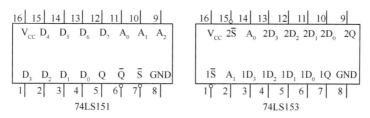

图 18.4　各集成电路芯片的引脚图

四、实验内容

1. 测试数据选择器 74LS153 的逻辑功能

将 74LS153 地址端 A_1、A_0、数据端 $1D_0 \sim 1D_3$、使能端 $1\overline{S}$ 接逻辑开关,输出端 1Q 接逻辑电平显示器,按 74LS153 功能表逐项进行测试,记录测试结果。

2. 测试 74LS151 的逻辑功能

测试方法及步骤同上,记录之。

3. 采用 4 选 1 的数据选择器扩展成 8 选 1 数据选择器

按图 18.5 所示接线,通过实验记录。当输入地址变量($A_2A_1A_0$)分别为 000,001,010,…111 时,输出 Y 分别为输入信号 $D_0 \sim D_7$,填入表格 18.6。

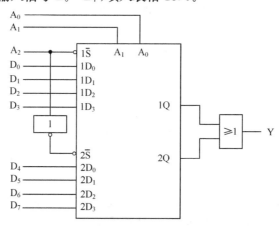

图 18.5　4 选 1 数据选择器扩展成 8 选 1 数据选择器

表 18.6　实验结果记录表

输入	A_2	0	0	0	0	1	1	1	1
	A_1	0	0	1	1	0	0	1	1
	A_0	0	1	0	1	0	1	0	1
输出	Y								

(1) 分析图 18.5 的工作原理,掌握数据选择器的扩展方法;

(2) 设计其他扩展方法,并画出接线图验证逻辑功能。

4. 用 8 选 1 数据选择器(直接采用 74LS151 或内容 3 扩展的 8 选 1 数据选择器)设计三人多数表决电路

(1) 写出设计过程；

(2) 画出接线图；

(3) 验证逻辑功能。

五、预习要求

(1) 复习数据选择器的工作原理；

(2) 用数据选择器对实验内容中各函数式进行预设计。

六、实验报告

(1) 用数据选择器对实验内容进行设计、写出设计全过程、画出接线图、进行逻辑功能测试；

(2) 总结实验收获、体会。

七、设计性实验

1. 实验目的

通过实验,体会利用集成电路芯片进行电路设计的重要性,进一步掌握 74LS151 和 74LS153 数据选择器的性能及应用。

2. 设计题目

(1) 用双 4 选 1 数据选择器 74LS153 实现全加器。

● 写出设计过程；

● 画出接线图；

● 验证逻辑功能。

(2) 用 1 个 74LS151 芯片实现逻辑函数 $F=A\overline{B}\overline{D}+BD+C\overline{D}$。

● 写出设计过程；

● 画出接线图；

● 验证逻辑功能。

3. 实验内容及要求

(1) 写出设计报告,包括设计原理、设计电路及选择电路元器件参数。

(2) 调试设计电路,检验电路是否满足设计题目要求。

(3) 写出实验总结报告；画出调试成功的设计电路。

实验 19   组合逻辑电路的设计测试

一、实验目的

(1) 掌握组合逻辑电路的设计。

(2) 测试验证设计的逻辑电路。

二、实验原理

1. 设计组合逻辑电路的步骤

使用中、小规模集成电路芯片来设计组合电路是最常见的逻辑电路。设计组合电路的一般步骤是：

(1) 根据设计任务的要求，画出真值表；

(2) 用卡诺图或逻辑代数化简法求出最简的逻辑表达式；

(3) 根据逻辑表达式画出逻辑图，用集成电路芯片构成电路；

(4) 根据逻辑图，在数字逻辑实验箱上搭出具体电路，验证设计的正确性。

2. 组合逻辑电路设计举例

用与非门设计一个表决电路。当 4 个输入端中有 3 个或 4 个为"1"时，输出端才为"1"。

设计步骤：根据题意列出真值表，见表 19.1，再填入卡诺图表 19.2。

表 19.1   表决电路的真值表

D	0	0	0	0	0	0	0	0	1	1	1	1	1	1	1	1
A	0	0	0	0	1	1	1	1	0	0	0	0	1	1	1	1
B	0	0	1	1	0	0	1	1	0	0	1	1	0	0	1	1
C	0	1	0	1	0	1	0	1	0	1	0	1	0	1	0	1
Z	0	0	0	0	0	0	0	1	0	0	0	1	0	1	1	1

表 19.2   表决电路的卡诺图

BC\DA	00	01	11	10
00				
01			1	
11		1	1	1
10			1	

由卡诺图得出逻辑表达式，并化成"与非"形式的逻辑表达式

$$Z = ABC + BCD + ACD + ABD = \overline{\overline{ABC} \cdot \overline{BCD} \cdot \overline{ACD} \cdot \overline{ABD}}$$

最后画出用"与非门"构成的逻辑电路，如图 19.1 所示。

三、实验仪器与器件

● 数字逻辑实验箱　　1台
● 集成电路芯片：74LS00（四二输入与非门）；74LS04（六反相器）；74LS20（二四输入与非门）
各集成电路芯片的引脚分布如图19.2所示。

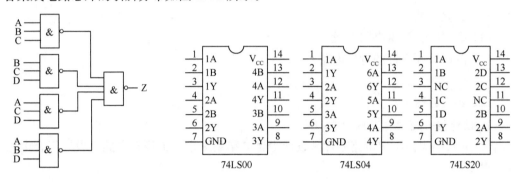

图 19.1　表决电路逻辑图　　　　　图 19.2　各集成电路芯片的引脚分布图

四、实验内容

（1）设计一个4人无弃权表决电路，其中权威人士的一票相当于两票（多数赞成则提案通过），本设计要求采用四二输入与非门实现。

要求按设计步骤进行，直到测试电路逻辑功能符合设计要求为止。

（2）设计一保险箱的数字代码锁，该锁有规定的4位代码：A、B、C、D的输入端和一个开箱钥匙孔信号 E 的输入端，锁的代码由实验者自编（如1001）。当用钥匙开箱时 E＝1，如果输入代码符合该锁设定的代码，保险箱被打开（Z_1＝1），如果代码不符，电路将发出报警信号（Z_2＝1）。要求设计使用最少的与非门来实现，检测并记录设计实验结果。

提示：实验时，锁被打开，可用数字逻辑实验箱上的 LED 点亮表示（或用数字逻辑实验箱上的继电器吸合与 LED 点亮表示），在按错代码时，蜂鸣器发出声响报警。

五、预习要求

根据实验任务要求设计组合电路，了解所用芯片的引脚功能，并根据所给的芯片画出逻辑图。

六、实验报告

（1）写出实验任务的设计过程，画出设计的逻辑电路图。
（2）对所设计的电路进行实验测试，记录测试结果。
（3）写出组合逻辑电路的设计体会。

七、设计性实验

1. 实验目的

通过实验，观察竞争冒险现象，学习使用消除竞争冒险的方法；掌握组合逻辑电路的设计、调试方法。

2. 设计题目

（1）动手实际搭试组合电路，观察竞争冒险现象。

按图 19.3 接线，当 B＝1，C＝1 时，A 输入矩形波（f＝1MHz 以上），用示波器观察 Y 输出波形，然后用增加冗余项的方法消除竞争冒险现象。

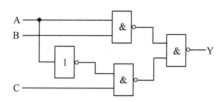

图 19.3　观察竞争冒险现象

（2）设计一个对两个两位无符号的二进制数进行比较的电路：根据第一个数是否大于、等于、小于第二个数，使相应的 3 个输出端中的一个输出为"1"。

3. 实验内容及要求

（1）写出设计报告，包括设计原理、设计电路及选择电路元器件参数。

（2）调试设计电路，检验电路是否满足设计要求并动手演示。如不满足，重新调试，使其满足设计题目要求。

（3）写出实验总结报告；画出调试成功的设计电路。

实验 20　集成电路触发器及应用

一、实验目的

（1）验证基本 RS 触发器、D 触发器及 JK 触发器的逻辑功能。

（2）设计一单发脉冲发生器，验证其功能。

二、实验原理

触发器具有两个稳定状态，用以表示逻辑状态"1"和逻辑状态"0"，在一定的外界信号作用下，可以从一个稳定状态转到另一个稳定状态。触发器是一个具有记忆功能的二进制信息存储器件，是构成各种时序电路的最基本的逻辑单元。

1. 基本 RS 触发器

基本 RS 触发器由两个与非门交叉耦合构成，其电路结构和逻辑符号如图 20.1 所示。基本 RS 触发器具有置"0"、置"1"和保持 3 种功能。通常称 $\overline{S_D}=\overline{R_D}=1$ 时的输出状态为保持（由与非门组成的 RS 触发器，控制端为低电平有效）。另外，基本 RS 触发器也可以用两个"或非门"组成，注意，此时为高电平触发有效。

2. D 触发器

在输入信号需要为单端的情况下，D 触发器使用起来最方便，其输出状态的更新发生在 CP 脉冲的边沿（上升沿或下降沿），故又称其为边沿触发器。D 触发器的状态只取决于 CP 脉冲到来前 D 端的状态，D 触发器的应用很广，可用作数字信号的寄存、移位寄存、分频和波形发

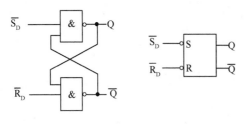

图 20.1　基本 RS 触发器的电路结构和逻辑符号

生等，并有很多种型号可供各种用途的需要而选用。如双 D 的有 74LS74、CD4013，四 D 的有 74LS175、CD4042，六 D 的有 74LS174，八 D 的有 74LS374 等。

3. JK 触发器

在输入信号为双端的情况下，JK 触发器是功能完善、使用灵活和通用性较强的一种触发器。74LS76、74LS112、CD4027 均为双 JK 触发器，它们也属于边沿触发器，使用时需根据给出的引脚分布图判别是上升沿还是下降沿触发，异步置"1"、置"0"端是高电平有效还是低电平有效，不用时需接相反的电平。

D、JK 触发器的逻辑符号如图 20.2 所示。

三、实验仪器与器件

● 数字实验箱　　　　1 台

● 电阻　　　　　　　3.3kΩ×2

● 集成电路芯片：74LS00（四二输入与非门）；74LS74（双 D 触发器）；CD4027（双 JK 触发器）

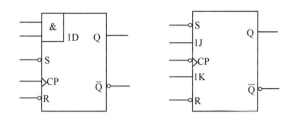

图 20.2   D、JK 触发器的逻辑符号

各集成电路芯片的引脚分布如图 20.3 所示。

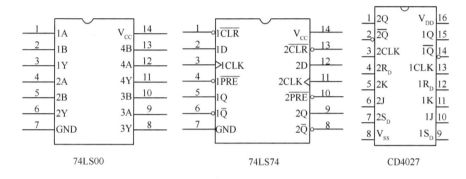

图 20.3   各集成电路芯片的引脚分布图

四、实验内容

1. 用基本 RS 触发器组成一个无抖动的开关(或称消除抖动开关)

电路连接如图 20.4 所示,使用逻辑开关作为 $\overline{R_D}$、$\overline{S_D}$ 端的控制输入。

2. 测试双 D 触发器 74LS74 的逻辑功能

测试 $\overline{CLR}$、$\overline{PRE}$ 的复位、置位功能;观察触发器输出状态的更新是发生在 CP 脉冲的上升沿(↑)还是下降沿(↓);并记入表 20.1 中。

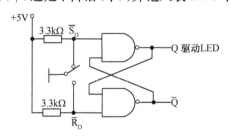

图 20.4   RS 触发器组成无抖动的开关

表 20.1   D 触发器 74LS74 逻辑功能实验记录

$\overline{CLR}$	$\overline{PRE}$	D	CP	Q^{n+1}	
				$Q^n=0$	$Q^n=1$
0	1	×			
1	0	×			
1	1	0			
1	1	1			

3. 测试 JK 触发器 CD4027 的逻辑功能

将 JK 触发器的 R_D、S_D、J、K 端接逻辑开关插口,CLK 端接单次脉冲源,Q、$\overline{Q}$ 端接到逻辑电平显示插口,要求分别改变 R_D、S_D、J、K 端状态时观察输出 Q、$\overline{Q}$ 端状态,以及触发器输出更新状态是发生在 CLK 脉冲的上升沿(↑)还是下降沿(↓)并记录于表 20.2 中。

表 20.2　JK 触发器 CD4027 逻辑功能实验记录

R_D	S_D	J	K	CP	Q^{n+1}	
					$Q^n=0$	$Q^n=1$
1	0	$\times$	$\times$			
0	1	$\times$	$\times$			
0	0	0	0			
0	0	0	1			
0	0	1	0			
0	0	1	1			

4. 单发脉冲发生器实验

用双 JK 触发器 CD4027 设计一个单发脉冲发生器实验电路。要求将频率为 1Hz 的信号脉冲和手控触发脉冲分别作为两个触发器的 CP 脉冲输入,只要手控脉冲送出一个脉冲(按一下按扭),单发脉冲发生器就送出一个脉冲,该脉冲与手控触发脉冲的时间长短无关。

图 20.5 所示为用双 JK 触发器组成的单发脉冲发生器,供设计时参考。

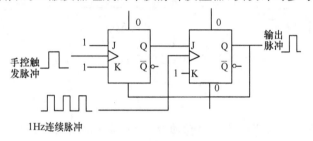

图 20.5　单发脉冲发生器

五、预习要求

(1) 复习有关 D、JK 触发器的内容。

(2) 预习实验电路的工作原理,拟订实验方案。

六、实验报告

(1) 整理各触发器的逻辑功能,总结实验结果。

(2) 写出实验体会及实验中遇到的问题是如何解决的。

七、设计性实验

1. 实验目的

通过实验,进一步体会利用中、小规模集成电路芯片进行组合逻辑电路设计的方法,进一步熟练掌握电路调试方法。

2. 设计题目

汽车尾灯安装在汽车尾部左、右两侧,一般各为 3 盏,用来警示后面的汽车,告诉本车左右转弯、停车、刹车等状况。

要求设计一个汽车尾灯控制电路,用6只发光二极管模拟6只汽车尾灯,左、右各3只,用4个开关分别模拟刹车信号K_1、停车信号K_2、左转弯信号K_L和右转弯信号K_R。

(1) 正常情况下,汽车左(或右)转弯时,该侧的3只尾灯按图20.6所示的周期亮、暗,状态转换时间为1s,直至断开该转向开关。

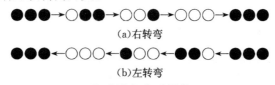

(a)右转弯

●●●←○○○←●○○←●●○←●●●

(b)左转弯

●:表示暗 ○:表示亮

图 20.6 3只汽车尾灯转弯闪亮规律

(2) 无制动时(无刹车,K_1="0"),若司机不慎将两个转向开关接通,则两侧尾灯都作同样的周期变化,示意图同图20.6。

(3) 在刹车制动时(K_1="1"),所有6只尾灯同时亮。

(4) 停车时(K_2="1"),6只尾灯均按1Hz频率闪亮,直到K_2="0"为止。

3. 实验内容及要求

(1) 写出设计报告,包括设计原理、设计电路及选择电路元件参数。

(2) 组装和调试设计电路,检验电路是否满足设计要求并动手演示。如不满足,重新调试,使其满足设计题目要求。

(3) 写出实验总结报告;画出调试成功的设计电路。

实验 21　移位寄存器

一、实验目的

(1) 学习使用 D 触发器构成移位寄存器(环行计数器)。

(2) 了解中规模集成电路双向移位寄存器逻辑功能及其使用方法。

二、实验原理

(1) 用 4 个 D 触发器组成 4 位移位寄存器,将每位即各 D 触发器的输出 Q_1、Q_2、Q_3、Q_4 分别接到 4 个 0-1 指示器(LED),将最后一位输出 Q_4 反馈接到第一位 D 触发器的输入端,则构成一个简单的 4 位移位环行计数器。

(2) 移位寄存器具有移位功能,是指寄存器中所存的代码能够在时钟脉冲的作用下依次左移或右移。既能左移又能右移的寄存器称为双向移位寄存器,只需要改变左移、右移的控制信号,便可实现双向移位的要求。根据移位寄存器存取信息的方式不同,分为:串入串出、串入并出、并入串出、并入并出 4 种形式。

本实验选用的 4 位双向移位寄存器,型号为 74LS194 或 CD40194,两者功能相同;双 D 触发器选用 74LS74。其引脚分布图如图 21.1 所示。

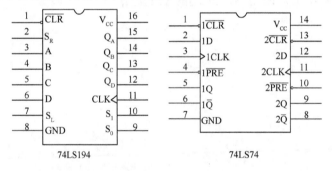

图 21.1　各集成电路芯片的引脚分布图

图 21.1 中,A、B、C、D 为并行输入端,A 为高位,其他依次排列;Q_A、Q_B、Q_C、Q_D 为并行输出端;S_R 为右移串行输入端;S_L 为左移串行输入端;S_1、S_0 为操作模式控制端;$\overline{CLR}$ 为异步清零端,低电平有效;CLK 为 CP 时钟脉冲输入端。74LS194 有 5 种工作模式:并行输入、右移(Q_A→Q_D)、左移(Q_D→Q_A)、保持和清零。74LS194 功能表见表 21.1。

表 21.1　74LS194 功能表

$\overline{CLR}$	CP	S_1	S_0	工 作 状 态
0	×	×	×	置零
1	×	0	0	保持,输出＝输入,$Q_A \sim Q_D = A \sim D$
1	↑	0	1	$S_L = 0/1$,右移,S_R 为串行输入,$Q_A \to Q_D$
1	↑	1	0	$S_R = 0/1$,左移,S_L 为串行输入,$Q_D \to Q_A$
1	↑	1	1	Q_D 为串行输出,并行输入,$Q_A \sim Q_D = A \sim D$

三、实验仪器与器件

● 数字实验箱　　　1台
● 集成电路芯片:74LS74(双 D 触发器);74LS194(4 位双向移位寄存器)

四、实验内容

1. 移位寄存器

用 74LS74 组成移位寄存器,使第一个输出端点亮 LED 并使其右移循环(在时钟控制下)。LED 点亮的顺序是第一个触发器 $FF_1 \rightarrow FF_2 \rightarrow FF_3 \rightarrow FF_4$ 的各输出端,即循环显示一个"1"。

实验要求:

(1) 用两个 74LS74 按图 21.2 连接。

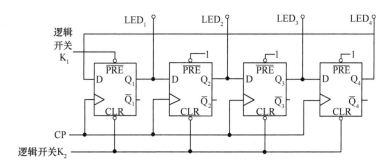

图 21.2　移位寄存器

(2) CP 时钟输入先不接到电路中(单步脉冲源或连续脉冲源)。

(3) 连接线路完毕,检查无误后加+5V 电源。

(4) 此时 4 个输出端的 LED 应该是不亮的,如果有亮的话,应按清零端的逻辑开关 K_2(给出一个低电平信号清零后,再将开关置于高电平),即将 4 个 D 触发器输出端的 LED 清零。

(5) 将第一个 D 触发器通过预置端($\overline{PRE}$)置"1"(操作时注意先将该逻辑开关 K_1 置低电平,然后再回到高电平),此时 LED_1 亮,其他各输出不亮。

(6) 加入 CP 脉冲信号(手动控制的单步脉冲源或 1Hz 连续脉冲源的信号),此时应看到各输出端 LED 点亮,顺序为 $LED_1 \rightarrow LED_2 \rightarrow LED_3 \rightarrow LED_4 \rightarrow LED_1$,即输出端显示移位循环一个高电平"1"。

2. 测试 74LS194 双向移位寄存器的逻辑功能

测试 74LS194 双向移位寄存器逻辑功能的电路图如图 21.3 所示。按图 21.3 和下面实验要求接线:

(1) $\overline{R_D}(\overline{CLR})$、$S_1$、$S_0$、$S_L$、$S_R$、D、C、B、A 分别接到逻辑开关,$Q_D$、$Q_C$、$Q_B$、$Q_A$ 接到 0-1 指示器,CP 脉冲接到单次脉冲源输出插口。

(2) 然后按表 21.2 规定的输入状态,逐项进行测试,并将测试结果记入表 21.2 中。

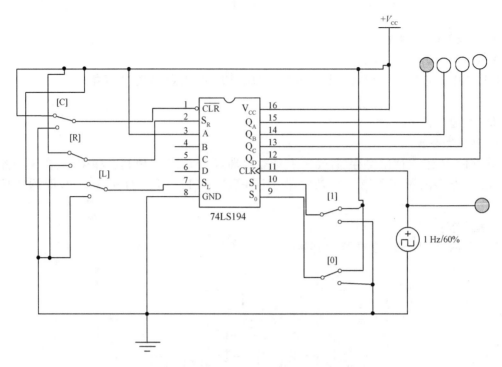

图 21.3 测试 74LS194 逻辑功能的电路图

表 21.2 测试 4 位双向移位寄存器 74LS194 结果记录表

清零	模式		时钟	串行		输入				输出				功能
$\overline{\text{CLR}}$	S_1	S_0	CP	S_L	S_R	D	C	B	A	Q_D	Q_C	Q_B	Q_A	
0	×	×	×	×	×	×	×	×	×					
1	1	1	↑	×	0	D	C	B	A					
1	0	1	↑	0	0/1	×	×	×	×					
1	1	0	↑	1/0	0	×	×	×	×					
1	0	0	↑	×	×	×	×	×	×					

(3) 清零：令 $\overline{\text{CLR}}(\overline{\text{R}_D})=0$，其他输入为任意态，此时寄存器输出 Q_D、Q_C、Q_B、Q_A 应均为 0，然后使 $\overline{\text{CLR}}(\overline{\text{R}_D})=1$，即该寄存器为异步复位且响应 $\overline{\text{CLR}}(\overline{\text{R}_D})$ 的低电平。

(4) 并行输入：令 $\overline{\text{CLR}}(\overline{\text{R}_D})=S_1=S_0=1$，输入任意 4 位二进制数，如 ABCD，加上 CP 脉冲，观察寄存器输出状态的变化是否发生在 CP 脉冲的上升沿，输出是否为 $Q_A=A$，$Q_B=B$，$Q_C=C$，$Q_D=D$，即寄存器进行并行装载的功能。

(5) 右移：清零后，令 $\overline{\text{R}_D}=1$，$S_1=0$，$S_0=1$，由右移输入端 S_R 送入二进制数码 0100，在 CP 脉冲上升沿的作用下(给一次信号按动一次脉冲)，观察输出情况是否将输入信号进行右移，流向是 $S_R \rightarrow Q_A \rightarrow Q_B \rightarrow Q_C \rightarrow Q_D$。若不是，请检查并改正为右移传输信号。

(6) 左移：先清零，再令 $\overline{\text{CLR}}(\overline{\text{R}_D})=1$，$S_1=1$，$S_0=0$，由左移输入端 S_L 送入二进制数码 1011，送一个数加一次脉冲，在 CP 脉冲上升沿的作用下，观察输出情况，是否将输入信号进行左移，流向是 $S_L \rightarrow Q_D \rightarrow Q_C \rightarrow Q_B \rightarrow Q_A$。若不是，请检查并改正为左移传输信号。

（7）保持：在寄存器输入端 A、B、C、D 预置任意 4 位二进制数码 ABCD,令 $\overline{CLR}(\overline{R_D})=1$,$S_1=S_0=0$,加一个 CP 脉冲,观察寄存器输出状态 Q_D、Q_C、Q_B、Q_A 是 ABCD 还是保持原来状态不变。此时不论有无 CP 到来,输出应保持不变,即寄存器执行保持功能。

五、预习要求

（1）复习有关寄存器的内容。

（2）查阅 74LS194、74LS74 逻辑线路图,熟悉其逻辑功能及引脚排列。

六、实验报告

（1）画出实验内容 1 的电路,写出若要使输出同时循环两个"1",即"11"时,应如何实现?

（2）分析实验结果,总结移位寄存器 74LS194 的逻辑功能并写入表 21.2 中的"功能"栏。

（3）思考题：使寄存器清零,除采用 $\overline{CLR}$ 端输入低电平外,可否采用右移或左移的方法?可否使用并行输入法? 若可行,应如何进行操作? 画出实现操作的电路图。

七、设计性实验

1. 实验目的

通过实验,进一步学习 74LS194 的性能和简单的设计方法,熟练掌握电路调试方法。

2. 设计题目

用两片 74LS194 接成 8 位双向移位寄存器。

3. 实验内容及要求

（1）写出设计电路原理。调试、检验电路是否满足能够双向传输数据,如不满足,重新调试,使其满足设计要求。

（2）写出实验总结报告;画出调试成功的设计电路。

实验 22　计　数　器

一、实验目的

(1) 掌握中规模集成计数器的逻辑功能及使用方法。

(2) 学习运用集成电路芯片计数器构成 N 位十进制计数器的方法。

二、实验原理

计数器是一个用以实现计数功能的时序器件,它不仅可以用来记录脉冲的个数,还常用于数字系统的定时、分频和执行数字运算及其他特定的逻辑功能。

计数器种类很多,按构成计数器中的各个触发器输出状态更新是否受同一个 CP 脉冲控制来分,有同步和异步计数器;根据计数制的不同,分为二进制计数器、十进制计数器和任意进制计数器;根据计数的增减趋势,又分为加法、减法和可逆计数器。另外,还有可预置数和可编程序功能的计数器等。目前,无论是 TTL 还是 CMOS 集成电路,都有品种较为齐全的中规模集成计数器芯片。如异步十进制计数器 74LS90,4 位二进制同步计数器 74LS93、CD4520,4 位十进制计数器 74LS160、74LS162,4 位二进制可预置同步计数器 CD40161、74LS161、74LS163,4 位二进制可预置同步加/减计数器 CD4510、CD4516、74LS191、74LS193,十进制同步加/减计数器 74LS190、74LS192、CD40192 等。使用者只要借助于器件手册提供的功能表、工作波形图及引出端的排列,就能正确使用这些器件。

三、实验仪器与器件

● 数字实验箱　　1 台

● 集成电路芯片:74LS163(4 位二进制同步计数器);74LS00(四二输入与非门);74LS192(十进制同步加/减计数器)

各集成电路芯片的引脚分布图如图 22.1 所示。

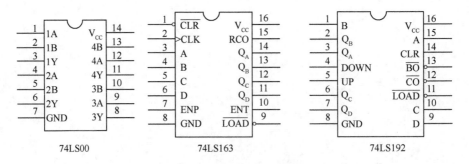

图 22.1　各集成电路芯片的引脚分布图

四、实验内容

1. 根据表 22.1 测试 74LS163 计数器的各项逻辑功能

74LS163 为二进制 4 位并行输出的计数器,它有并行装载输入和同步清零输入端。74LS163 的技术参数为:

- 电源电压 $V_{CC} = +5V$;
- 应用、测试温度范围 $0 \sim 74℃$;
- 输入时钟频率 25MHz;
- 时钟脉冲宽度 25ns;
- 清零时钟脉冲宽度 20ns。

表 22.1　74LS163 逻辑功能表

输　入									输　出				
$\overline{CLR}$	$\overline{LOAD}$	ENP	ENT	CP	D	C	B	A	Q_3^{n+1}	Q_2^{n+1}	Q_1^{n+1}	Q_0^{n+1}	RCO
0	X	X	X	↑	X	X	X	X	0	0	0	0	0
1	0	X	X	↑	d_3	d_2	d_1	d_0	d_3	d_2	d_1	d_0	
1	1	1	1	↑	X	X	X	X	计		数		
1	1	0	1	X	X	X	X	X	保		持		
1	1	X	0	X	X	X	X	X	保		持		0

2. 改变 74LS163 二进制计数器为十进制计数器

连接电路图如图 22.2 所示,即用一个与非门,其两个输入取自 Q_A 和 Q_D,输出接清零端 $\overline{CLR}$。当第 9 个脉冲结束时,Q_A 和 Q_D 都为"1",则与非门输出为低电平"0",并加到 $\overline{CLR}$ 端,因 $\overline{CLR}$ 为同步清零端,此时虽已建立清零信号,但并不执行清零,只有第 10 个时钟脉冲到来后 74LS163 才被清零,这就是同步清零的意义所在。

验证图 22.2 是否如同一个模 10 计数器。

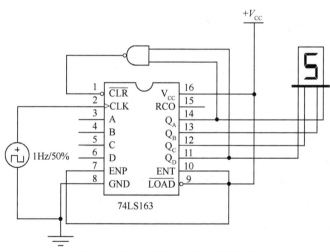

图 22.2　用 74LS163 构成十进制计数器

3. 用两个 74LS163 连接成一个两位十进制计数器。

连接电路图如图 22.3 所示。

当 74LS163(1)记到 9 时(1001),产生清零信号并同时使 74LS163(2)的控制端 ENT 为高

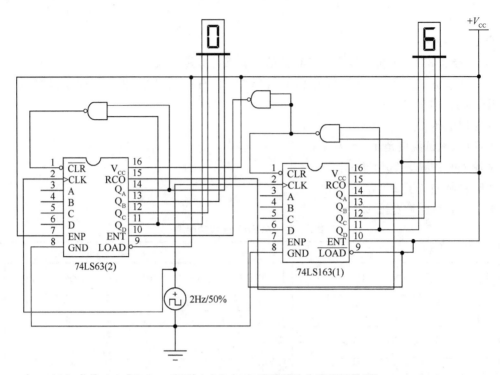

图 22.3　用两个 74LS163 构成两位十进制计数器

电平,即使 74LS163(2)开始计数,同样记到 9 时(1001)产生低电平清零信号使其清零,输出显示为 0,并同时产生一进位信号(RCO 为高电平),可将此信号加到一发光二极管显示其进位输出。

　　计数器的 4 位输出可连接到实验箱上的译码显示器的 4 个输入端,电路如图 22.3 所示(注意,计数器的 $Q_A \sim Q_D$ 和译码器的输入端 A~B 一一对应连接)。

五、预习要求

(1) 复习有关计数器的内容。

(2) 画出实验内容的线路图。

(3) 写出实验内容的测试记录表格。

六、实验报告

(1) 画出实验线路图。

(2) 总结使用集成计数器的体会。

(3) 分析图 22.4 所示的计数器电路是几进制计数器?

七、设计性实验

1. 实验目的

通过实验,进一步掌握利用集成电路设计计数器的方法,熟练电路调试方法。

2. 设计题目

利用中规模集成电路和少量门电路设计一个计时用十二进制计数器。实现的方案可以有多种,下面举一个例子供参考。

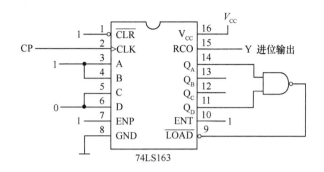

图 22.4 计数器

74LS192 是同步十进制可逆计数器,具有双时钟输入十进制可逆计数功能;异步并行置数功能;保持功能和异步清零功能。74LS192 功能见表 22.2。

表 22.2 74LS192 功能表

输 入								输 出				工 作
CLR	$\overline{\text{LOAD}}$	UP	DOWN	D	C	B	A	Q_D^{n+1}	Q_C^{n+1}	Q_B^{n+1}	Q_A^{n+1}	
1	X	X	X	X	X	X	X	0	0	0	0	异步清零
0	0	X	X	d_3	d_2	d_1	d_0	d_3	d_2	d_1	d_0	异步置数
0	1	↑	1	X	X	X	X					加法计数
0	1	1	↑	X	X	X	X					减法计数
0	1	1	1	X	X	X	X					保持

表 22.2 中符号和引脚符号的对应关系:

CLR	清零端	$\overline{\text{LOAD}}$	置数端(装载端)
UP	加计数脉冲输入端	DOWN	减计数脉冲输入端
$\overline{\text{CO}}$	非同步进位输出端	$\overline{\text{BO}}$	非同步借位输出端
D、C、B、A	计数器输入端	Q_D、Q_C、Q_B、Q_A	计数器数据输出端

(1) 根据 74LS192 功能表,测试其各种逻辑功能,了解芯片的使用方法。

计数脉冲由单次脉冲源提供,清零端 CLR、置数端 $\overline{\text{LOAD}}$、数据输入端 A、B、C、D 分别接逻辑开关,输出端 Q_D、Q_C、Q_B、Q_A 接实验箱中的一个七段显示器件的译码器输入端 A、B、C、D,$\overline{\text{CO}}$ 和 $\overline{\text{BO}}$ 接 0-1 指示器插口,按 74LS192 的功能表逐项测试该集成电路的逻辑功能。

① 清零:令 CLR=1,其他输入为任意状态,这时 $Q_D Q_C Q_B Q_A$=0000,译码数字显示为 0。清零后令 CLR=0。

② 置数:CLR=0,输入端输入任意一组二进制数,令 $\overline{\text{LOAD}}$=0,观察显示输出,即输出显示为输入的一组二进制数;若是,则置 $\overline{\text{LOAD}}$=1。

③ 加计数:令 CLR=0,$\overline{\text{LOAD}}$=DOWN=1,UP 端接单次脉冲源,清零后送入 10 个脉冲,观察输出状态变化是否发生在 UP 脉冲的上升沿。

④ 减计数:令 CLR=0,$\overline{\text{LOAD}}$=UP=1,DOWN 端接单次脉冲源,清零后送入 10 个脉冲,观察输出状态变化减计数是否发生在 DOWN 脉冲的上升沿。

(2) 用 74LS192 设计一个特殊的十二进制计数器,且无"0"数,如图 22.5 所示。其原理是当计数器计到 13 时,通过与非门产生一个(装载置数信号)复位信号,使第二片 74LS192(是十位)直接置为0000,而第一片74LS192计时的个位直接置为0001,从而实现1~12的计数。注意:将第一片74LS192的输出 Q_D、Q_C、Q_B、Q_A 接到实验箱中带有显示译码器(七段数码管)输入端 D、C、B、A,按图22.5连接验证电路的正确性。

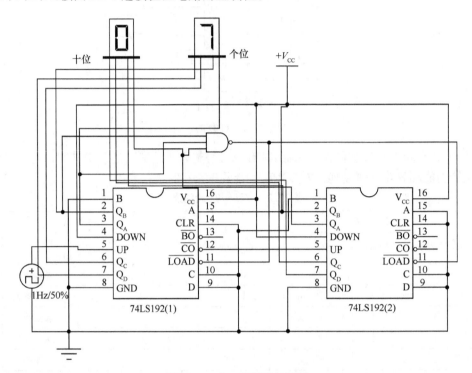

图 22.5 十二进制的计数器

3. 实验内容及要求

(1) 写出设计电路原理和所选用的芯片型号,调试、检验电路是否满足设计要求,如不满足,重新调试,使其满足设计题目要求。

(2) 写出实验总结报告;画出调试成功的设计电路。

实验 23 脉冲分配器及其应用

一、实验目的

(1) 熟悉集成电路时序脉冲分配器的使用方法及应用。

(2) 学习步进电机的环行脉冲分配器的组成方法。

二、实验原理

脉冲分配器的作用是产生多路顺序脉冲信号,它可以由计数器和译码器组成,时钟(CP)端上的系列脉冲经 n 位二进制计数器和相应的译码器后,可以转变为 2^n 路顺序输出脉冲。方框图如图 23.1 所示。

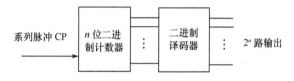

图 23.1 脉冲分配器方框图

1. 集成电路时序脉冲分配器 CD4017

CD4017 是按 BCD 计数/时序译码器组成的分配器,其真值表见表 23.1,引脚分布图如图 23.2 所示。

表 23.1 **CD4017 功能表**

CP_0	$\overline{CP_1}$	MR	输出 n
0	×	0	n
1	1	0	n
↑	0	0	$n+1$
↓	1	0	n
1	↓	0	$n+1$
1	↑	0	n
×	×	1	0

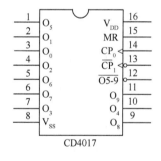

图 23.2 CD4017 引脚分布图

CP_0:时钟端;

$\overline{CP_1}$:时钟禁止端;

MR:复位(RESET 或 CLEAR)端;

$\overline{O5\text{-}9}$:进位输出(CARRY OUT)。

CD4017 的特征:CD4017 是内含译码器的 5 级约翰逊十进制计数器。计数器在时钟禁止输入为低电平时,在时钟脉冲的上升阶段进位;时钟禁止输入为高电平时,时钟被禁止。

关于复位,通过把复位输入做成高电平,时钟输入能够独立地进行。

CD4017 的逻辑功能波形图如图 23.3 所示。

CD4017 应用十分广泛,可用于十进制计数、分频、$1/N$ 计数($N=2\sim10$,只需用一块;$N>10$ 时,可用多块器件级联)。图 23.4 所示为由两片 CD4017 组成的 60 分频电路。

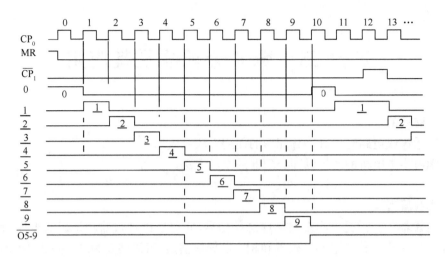

图 23.3　CD4017 波形图

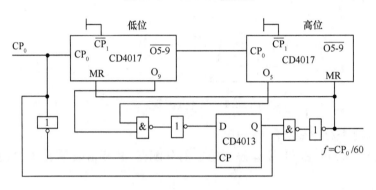

图 23.4　60 分频电路

2. 步进电机的环行脉冲分配器

图 23.5 所示为某一三相步进电机的驱动电路示意图。

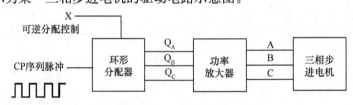

图 23.5　三相步进电机的驱动电路方框图

图 23.5 中，A、B、C 分别表示步进电机的三相绕组。步进电机按三相六拍方式运行，即要求步进电机正转时，控制端 X = 1，电机三相绕组的通电顺序为：

$$A \rightarrow AB \rightarrow B \rightarrow BC \rightarrow C \rightarrow CA \rightarrow A$$

$$100 \rightarrow 110 \rightarrow 010 \rightarrow 011 \rightarrow 001 \rightarrow 101 \rightarrow 100$$

$$(A\overline{B}\,\overline{C} \rightarrow AB\overline{C} \rightarrow \overline{A}B\overline{C} \rightarrow \overline{A}BC \rightarrow \overline{A}\,\overline{B}C \rightarrow A\overline{B}C \rightarrow A\overline{B}\,\overline{C})$$

要求步进电机反转时，令控制端 X = 0，电机三相绕组的通电顺序为：

$$A \rightarrow AC \rightarrow C \rightarrow BC \rightarrow B \rightarrow AB \rightarrow A\cdots\cdots$$

按六拍通电方式的脉冲环行分配器，可由两个 74LS76 JK 触发器构成，如图 23.6 所示（图中 K 为逻辑开关）。

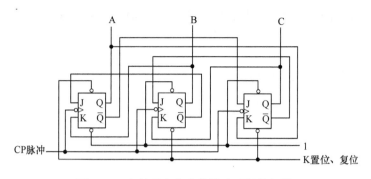

图 23.6　六拍通电方式的脉冲环行分配器

要使步进电机反转时,脉冲分配器应如何连线? 请读者自行考虑。提示:通常应加有正转脉冲输入控制端和反转脉冲控制端。

三、实验仪器与器件

- 数字实验箱　　1 台
- 数字示波器　　1 台
- 集成电路芯片:CD4017×2(十进制计数器);CD4011(四二输入与非门);CD4013(双 D 触发器);CD4069(六反相器)

各集成电路芯片的引脚分布图如图 23.7 所示:

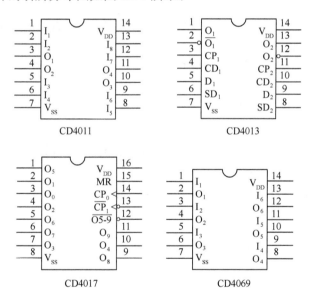

图 23.7　各集成电路芯片的引脚分布图

四、实验内容

(1) CD4017 逻辑功能的测试:按照 CD4017 引脚分布图,加+5V 电源,$\overline{CP_1}$ 接逻辑开关插口;CP_0 接单次脉冲源;0～9 这 10 个输出接到 LED(0-1 指示器插口),按功能表的要求操作各逻辑开关。清零后,连续送出 10 个脉冲信号,观察 10 个 LED 的显示状态,并记录列表。

(2) CP_0 改接为 1Hz 连续脉冲信号,观察、记录输出状态。

（3）按 60 分频电路连接线路，用示波器观察、验证该电路的正确性。

五、预习要求

（1）复习有关脉冲分配器的原理。

（2）按实验任务要求，设计实验电路并画出逻辑图。

六、实验报告

（1）画出实验线路图。

（2）整理实验数据及表格。

（3）总结分析实验结果。

七、设计性实验

1. 实验目的

通过实验，进一步学习时序逻辑电路的简单设计方法，熟练掌握电路的调试方法。

2. 设计题目

设计一个可预置的定时显示报警器。可预置的定时显示报警系统可用于任意定时系统，如篮球比赛规则中，队员持球时不能超过 24s，则可预置 24s，该方队员在 24s 内未出手投篮，则报警，给运动员和裁判以准确信号。若在 24s 内任一时刻出手投篮，则定时显示重新置 24s，设计要求如下：

（1）设计一个可预置 24s 的显示报警系统，要求每次预置时间为 24s，然后以秒为单位递减到 0，报警并停止计数；

（2）在 24s 递减到 0 期间，任意时刻内均可由一个置"24"的按钮人为地置入"24"，然后接着递减；

（3）报警音响为 1s 的"嘀嘀"声。

3. 实验内容及要求

（1）写出设计电路原理。调试、检验电路是否满足设计要求，如不满足，重新调试，使其满足设计要求。

（2）写出实验总结报告；画出调试成功的设计电路。

实验 24　单稳态电路和施密特电路

一、实验目的
(1) 熟悉 555 集成电路的电路结构、工作原理及其特点。
(2) 555 集成电路的基本应用。

二、实验原理
555 又称为集成定时器,是一种数字、模拟混合型的中规模集成电路,其应用十分广泛。它是一种产生时间延迟和多种脉冲信号的电路。由于内部电压标准使用了 3 个 $5k\Omega$ 电阻,故取名为 555 电路。其电路类型有双极型和 CMOS 型两大类,二者的结构与工作原理类似。几乎所有的双极型产品型号最后的 3 位数码都是 555 或 556,所有的 CMOS 产品型号最后 4 位数码都是 7555 或 7556,二者的逻辑功能和引脚排列完全相同,易于互换。555 和 7555 是单定时器,556 和 7556 是双定时器。双极型的电源电压范围为:$+5 \sim +15V$,输出的最大负载电流可达 $200mA$;CMOS 型的电源电压范围为:$+3 \sim +18V$,但输出最大负载电流在 $4mA$ 以下。

555 内部电路结构及外部引脚分布如图 24.1 所示。

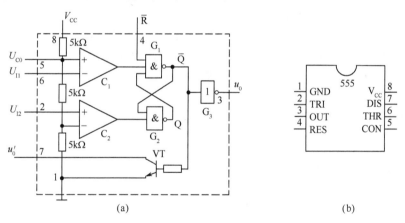

图 24.1　555 内部电路结构及外部引脚分布图

图 24.1(a)与图 24.1(b)引脚功能关系为:1,接地(GND);2,触发端($U_{I2} = $TRI);3,输出端($u_0 = $OUT);4,复位端($\overline{R} = $RES);5,控制电压端($U_{C0} = $CON);6,阈值端($U_{I1} = $THR);7,放电端($u_0' = $DIS);8,电源端($V_{CC}$)。

555 电路由 3 部分组成:比较器 C_1、C_2 为第一部分(参考电压形成电路),基本 RS 触发器为第二部分,集电极开路输出的放电三极管 VT 和 G_3 为第三部分,输出驱动电路和放电三极管 VT、G_3 的作用是提高电路带负载的能力。

555 定时器主要是与电阻、电容构成充、放电电路,并由两个比较器来检测电容器上的电压,以确定输出电平的高、低和放电三极管的通、断。这就很方便地构成从微秒到数分钟的延时电路,可方便地构成单稳触发器(单稳电路)、多谐振荡器、施密特触发器(施密特电路)等脉冲产生或波形变换电路。

三、实验仪器与器件

- 数字示波器　　1台
- 数字实验箱　　1台
- 函数发生器　　1台
- 电阻、电容　　若干
- 集成电路芯片：NE555

四、实验内容

1. 用555定时器设计单稳态触发器

单稳态触发器具有稳态和暂稳态两个不同的工作状态。在外界触发脉冲作用下,它能从稳态翻转到暂稳态,在暂稳态维持一段时间之后,再自动返回稳态;暂稳态维持时间的长短取决于电路本身的参数,与触发脉冲的宽度和幅度无关。由于单稳态触发器具有这些特点,常用来产生具有固定宽度的脉冲信号。

按电路结构的不同,单稳态触发器可分为微分型和积分型两种,微分型单稳态触发器适用于窄脉冲触发,积分型单稳态触发器适用于宽脉冲触发。无论是哪种电路结构,其单稳态的产生都源于电容的充、放电原理。

用555定时器构成的单稳态触发器是负脉冲触发的单稳态触发器,且暂稳态维持时间为 $t_W = \ln RC = 1.1RC$,即仅与电路本身的参数 R、C 有关。

(1) 按如图24.2所示连接就构成单稳态触发器,取 $R_1 = 30k\Omega$, $R = 8k\Omega$, $C = 0.1\mu F$, $C_1 = C_2 = 0.01\mu F$。输入信号 u_i 加 1kHz 的连续脉冲,用数字示波器观察输入 u_i、输出 u_o 的波形,测定输出波形幅度、频率与暂稳态时间 t_W 及占空比 q,记入表 24.1 中。

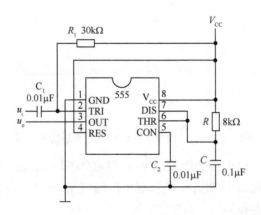

图 24.2　单稳态触发器

(2)将 R 改变为 $5k\Omega$,输入端加 1kHz 的连续脉冲,用数字示波器观察输入 u_i、输出 u_o 的波形,测定幅度、频率及暂稳态时间 t_W 及占空比 q,记入表 24.1 中。

表 24.1 单稳态触发器实验记录

单稳	$R=8\mathrm{k}\Omega$	$R=5\mathrm{k}\Omega$
	$C=0.1\mu\mathrm{F}$	$C=0.1\mu\mathrm{F}$
输入波形		
输出波形		
t_W		
输出频率		
占空比		

如图 24.3 所示为是单稳态触发器的仿真图。

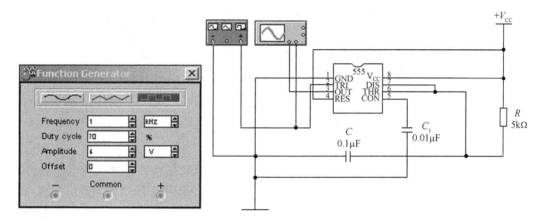

(a)单稳态触发器仿真电路

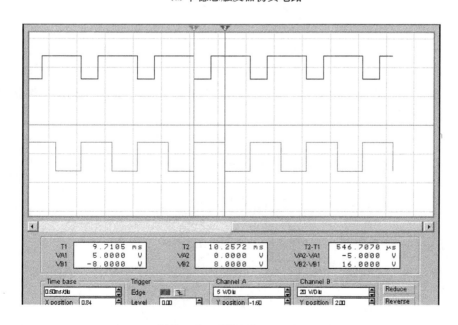

(b)$R=5\mathrm{k}\Omega$ 时的 $t_\mathrm{W}=546.707\mu\mathrm{s}$

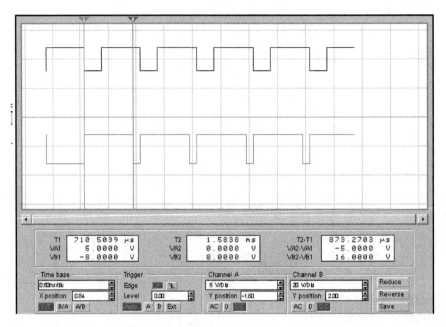

(c)$R=8\mathrm{k}\Omega$ 时的 $t_\mathrm{w}=873.2703\mu\mathrm{s}$

图 24.3 单稳态触发器仿真电路及仿真结果

2. 用 555 设计的施密特触发器

施密特触发器输出状态的转换取决于输入信号的变化过程,即输入信号从低电平上升的过程中,电路状态转换时,对应的输入电平 $V_{\mathrm{T+}}$ 与输入信号从高电平下降过程中对应的输入转换电平 $V_{\mathrm{T-}}$ 不同,其中 $V_{\mathrm{T+}}$ 称为正向阈值电压,$V_{\mathrm{T-}}$ 称为负向阈值电压。另外,由于施密特触发器内部存在正反馈,所以输出电压波形的边沿很陡。

用 555 定时器构成的施密特触发器为反向传输的施密特触发器,正向阈值电压和负向阈值电压分别为

$$V_{\mathrm{T+}}=2/3\,V_{\mathrm{CC}}$$
$$V_{\mathrm{T-}}=1/3V_{\mathrm{CC}}$$

(1)施密特触发器电路如图 24.4 所示,输入信号接电路输入端 u_i,由信号发生器提供,分别为正弦波、三角波,频率为 1kHz。

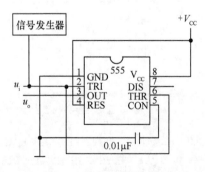

图 24.4 施密特触发器

(2)用示波器接电路输出端 u_o,观察输出波形并记录,计算回差电压值。施密特触发器原始记录记入表 24.2 中。

表 24.2 施密特触发器原始记录

输入波形	输入正弦波	输入三角波	输出波形
V_{T+}			
V_{T-}			
ΔV_T			

五、预习要求

（1）复习有关 555 定时器的工作原理和应用。

（2）拟定实验中所需的数据、波形及表格。

（3）预习各项实验的步骤和方法。

六、实验报告

（1）认真画出实验线路图，仔细填写各表格的内容。

（2）分析、总结实验结果。

（3）简述实验体会。

七、设计性实验

1. 实验目的

通过实验，进一步学习实践时序逻辑电路的简单设计方法，熟练掌握电路调试方法。

2. 设计题目

设计一个具有数字显示的洗衣机控制电路。

洗衣机在洗涤的过程中，洗涤电动机按一定规律正转→停→反转→停→正转……直到洗涤定时时间到，便自动停止工作。

本洗衣机控制电路仅对洗衣过程中的洗涤程序进行控制，至于其他如脱水等过程不做要求。

（1）洗涤时间：1～20min 任意设置，采用两位数码显示器，动态显示洗涤剩余时间。

（2）洗涤电机运转规律为：正转 20s→停 10s→反转 20s→停 10s→正转 20s……

（3）用 3 只发光二极管表示洗涤电动机的运转规律。

（4）设定的洗涤时间一到，整个控制器应停止工作。

3. 实验内容及要求

（1）写出设计电路原理。调试、检验电路是否满足设计要求，如不满足，重新调试，使其满足设计题目要求。

（2）写出实验总结报告，画出调试成功的设计电路。

第三部分

综合实验部分

实验 25 函数信号发生器的组装与调试

一、实验目的
（1）了解单片多功能集成电路函数信号发生器的功能及特点。
（2）进一步掌握波形参数的测试方法。

二、实验原理

ICL8038 是具有多种波形输出的精密振荡集成电路，是单片集成函数信号发生器，只需调整集成电路周围个别的外部元器件就能产生从 0.001Hz～300kHz 的低失真正弦波、三角波、矩形波等脉冲信号。输出波形的频率和占空比还可以由电流或电阻控制。另外，由于该芯片具有调频信号输入端，所以可以用来对低频信号进行频率调制。

ICL8038 的主要性能指标：

（1）可同时输出任意的三角波、矩形波和正弦波等；

（2）频率范围 0.001～300kHz；

（3）占空比范围 2%～98%；

（4）正弦波失真度 0.1%；

（5）最高温度系数 $\pm 250 \times 10^{-6}/^\circ C$；

（6）三角波输出线性度 0.1%；

（7）工作电源 $\pm 5 \sim \pm 15V$ 或者 $+10 \sim +30V$。

ICL8038 的原理框图如图25.1所示。它由恒流源 I_1 和 I_2、电压比较器A和B、触发器、缓冲器和三角波变正弦波电路等组成。图中，外接电容 C 由两个恒流源充电和放电，电压比

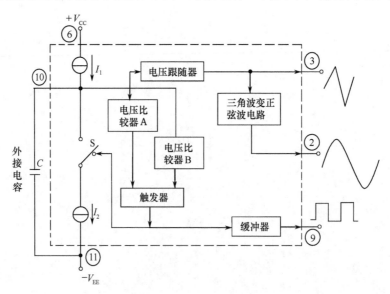

图 25.1 ICL8038 原理框图

较器 A、B 的阈值分别为电源电压$(V_{CC}+V_{EE})$的 2/3 和 1/3。恒流源 I_1 和 I_2 的大小可通过外接电阻调节，但必须保证 $I_2 > I_1$。当触发器的输出为低电平时，恒流源 I_2 断开，恒流源 I_1 给电容 C 充电，电容两端电压 U_C 随时间线性上升，当 U_C 达到电源电压的 2/3 时，电压比较器 A 的输出电压发生跳变。

当触发器输出由低电平变为高电平时，恒流源 I_2 接通，由于 $I_2 > I_1$（设 $I_2 = 2I_1$），恒流源 I_2 将电流 $2I_1$ 加到电容 C 上反充电，相当于电容 C 由一个净电流 I 放电，电容 C 两端的电压 U_C 又转为直线下降。当 U_C 下降到电源电压的 1/3 时，电压比较器 B 的输出电压发生跳变，使触发器的输出由高电平跳变为原来的低电平，恒流源 I_2 断开，I_1 再给电容 C 充电，……，如此周而复始，从而产生振荡。

若调整电路，使 $I_2 = 2I_1$，则触发器输出为方波，经反相缓冲器由引脚 ⑨ 输出方波信号。电容 C 上的电压 U_C 上升与下降时间相等，为三角波，经电压跟随器从引脚 ③ 输出三角波信号。将三角波变成正弦波是经过一个非线性的变换网络（正弦波变换器）而得以实现的，在这个非线性网络中，当三角波电位向两端顶点摆动时，网络提供的交流通路阻抗将减小，这样就使三角波的两端变为平滑的正弦波，从引脚 ② 输出。ICL 8038 引脚功能如图 25.2 所示。

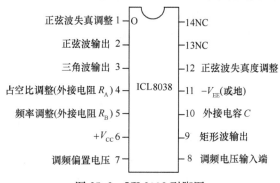

图 25.2　ICL8038 引脚图

图 25.3 所示为 ICL8038 应用电路的基本接法。其中，由于该器件的矩形波输出端为集电极开路形式，因此，一般需要在引脚 ⑨ 与正电源之间接一个电阻 R，其阻值为 10kΩ 左右；电阻 R_A 决定电容 C 的充电速度，R_B 决定电容 C 的放电速度，电阻 R_A，R_B 的值可在 1kΩ ~ 1MΩ 内选取，电位器 R_W 用于调节输出信号的占空比；引脚 ⑩ 外接一定值的电容 C。图 25.3 中，ICL8038 的引脚 ⑦ 和引脚 ⑧ 短接，即引脚 ⑧ 的调频电压由内部供给，在这种情况下，由于引脚 ⑦ 的调频偏置电压一定，所以输出信号的频率由 R_A，R_B 和电容 C 决定，其频率 f 约为

$$f = \frac{3}{5R_A C\left(1 + \dfrac{R_B}{2R_A - R_B}\right)}$$

当 $R_A = R_B$ 时，所产生的信号频率为

$$f = \frac{0.3}{R_A C}$$

若用 100kΩ 电位器 R_{W4} 代替图 25.3 中 82kΩ 的电阻，调节 R_{W4}，可以减小波形的失真度；若要进一步减小正弦波的失真度，可采用图 25.4 所示的调整电路。调整该电路，可以使正弦波的失真度小于 0.8%。调频电压输入端（引脚⑧）容易受到信号噪声及交流噪声的影响，因而引脚⑧接一个 0.1μF 的去耦电容。调整 10kΩ 电位器 R_{W1}，电源 V_{CC} 与引脚⑧之间的电压（即调频电压）变化，因此，该电路是一个频率可调的函数发生器，其频率为

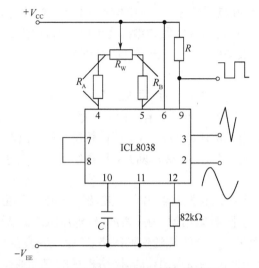

图 25.3　ICL8038 应用电路的基本接法

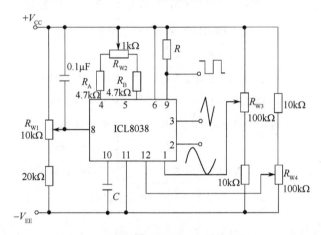

图 25.4　频率可调、失真度小的函数发生器

$$f = \frac{3(V_{CC} - U_{in})}{V_{CC} - V_{EE}} \cdot \frac{1}{R_A C} \cdot \frac{1}{1 + \dfrac{R_B}{2R_A - R_B}}$$

当 $R_A = R_B$ 时,所产生的信号频率

$$f = \frac{3(V_{CC} - U_{in})}{V_{CC} - V_{EE}} \cdot \frac{1}{2R_A C}$$

式中,U_{in} 为引脚 ⑧ 的电压。

需要注意的是,ICL8038 既可以接 10～30V 范围的单电源,也可以接±5～±15V 范围的双电源。接单电源时,输出三角波和正弦波的平均值正好是电源电压的一半,输出矩形波的高电平为电源电压,低电平为地。接电压对称的双电源时,所有输出波形都以地对称摆动。

实验电路如图 25.5 所示。

三、实验仪器与器件

● 数字示波器　　　　　　　　　　1 台

● 信号发生器　　　　　　　　　　1 台

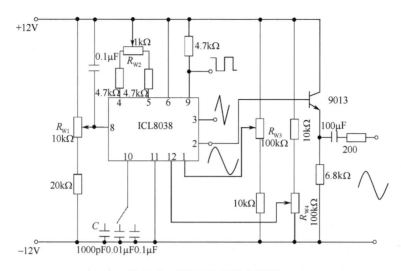

图 25.5　ICL8038 实验电路图

- 毫伏表　　　　　　　　　　　1 只
- 模拟电路实验箱　　　　　　　1 台
- 万用表　　　　　　　　　　　1 只
- ICL8038、电位器、电阻器、电容器　若干

四、实验内容

按图 25.5 所示的电路图组装电路,取 $C=0.01\mu F$。调整电路,使其处于振荡,产生矩形波,通过调整电位器 R_{W2},使矩形波的占空比达到 50%。

保持矩形波的占空比为 50% 不变,用示波器观测 ICL8038 正弦波输出端的波形,反复调整 R_{W3} 和 R_{W4},使正弦波不产生明显的失真。调节电位器 R_{W1},使输出信号从小到大变化,记录引脚⑧的电位及测量输出正弦波的频率,并列表记录。

改变外接电容 C 的值(取 $C=0.1\mu F$ 和 1000pF),观测 3 种输出波形,并与 $C=0.01\mu F$ 时测得的波形进行比较,有何结论?

改变电位器 R_{W2} 的值,观测 3 种输出波形,有何结论?

如有失真度测试仪,则测出电容 C 分别为 $0.1\mu F$、$0.01\mu F$ 和 1000pF 时的正弦波失真系数 r 值(一般要求该值小于 3%)。

五、预习要求

(1) 查阅有关 ICL8038 的资料,熟悉引脚的排列及其功能。

(2)如果改变了矩形波的占空比,试问此时三角波和正弦波输出端将会变成怎样的一个波形?

六、实验报告

(1) 分别画出 $C=0.1\mu F$,$C=0.01\mu F$,$C=1000pF$ 时所观测到的矩形波、三角波和正弦波的波形图,从中得出什么结论?

(2) 列表整理 C 取不同值时 3 种波形的频率和幅度值。

(3) 组装、调整函数信号发生器的心得体会。

实验 26　压控振荡器

一、实验目的
（1）了解压控振荡器的组成及调试方法。
（2）掌握压控振荡器的测量方法。

二、实验原理
调节可变电阻或可变电容可以改变波形发生电路的振荡频率，一般是通过人的手来调节的。而在自动控制等场合，往往要求能自动地调节振荡频率。常见的情况是给出一个控制电压（例如计算机通过接口电路输出的控制电压），要求波形发生电路的振荡频率与控制电压成正比。这种电路称为压控振荡器，又称为 VCO 或 V/F 转换电路。

利用集成运放可以构成精度高、线性好的压控振荡器。下面介绍这种电路的构成和工作原理，并求出振荡频率与输入电压的函数关系。

1. 电路的构成及工作原理

积分电路输出电压变化的速率与输入电压的大小成正比，如果积分电容充电使输出电压达到一定程度后，设法使它迅速放电，然后输入电压再给它充电，如此周而复始，产生振荡，其振荡频率与输入电压成正比，即压控振荡器。图 26.1 就是实现上述意图的压控振荡器（其输入电压 $U_i > 0$）。

图 26.1 所示电路中由运放 A_1 构成积分电路，运放 A_2 构成同相输入滞回比较器，它起开关作用。当它的输出电压 $u_{o1} = +U_Z$ 时，二极管 VD 截止，输入电压 $U_i > 0$，经电阻 R_1 向电容 C 充电，输出电压 u_o 逐渐下降，当 u_o 下降到零再继续下降使滞回比较器 A_2 同相输入端电位略低于零，u_{o1} 由 $+U_Z$ 跳变为 $-U_Z$，二极管 VD 由截止变导通，电容 C 放电，由于放电回路的等效电阻比 R_1 小得多，因此放电很快，u_o 迅速上升，使 A_2 的 u_+ 很快上升到大于零，u_{o1} 很快从 $-U_Z$ 跳回到 $+U_Z$，二极管又截止，输入电压经 R_1 再向电容充电。如此周而复始，产生振荡。

图 26.2 所示为压控振荡器 u_o 和 u_{o1} 的波形图。

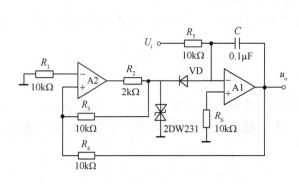

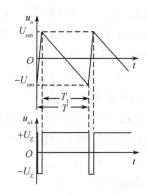

图 26.1　压控振荡器实验电路　　　　　　　图 26.2　压控振荡器波形图

2. 振荡频率与输入电压的函数关系

$$f = \frac{1}{T} \approx \frac{1}{T_1} = \frac{R_4}{2R_1R_3CU_Z}U_i$$

可见振荡频率与输入电压成正比。

上述电路实际上就是一个方波、锯齿波发生电路,只不过这里是通过改变输入电压 U_i 的大小来改变输出波形频率的,从而将电压参量转换成频率参量。

压控振荡器的用途较广。为了使用方便,一些厂家将压控振荡器做成模块,有的压控振荡器模块的输出信号的频率与输入电压幅值的非线性误差小于 0.02%,但振荡频率较低,一般在 100kHz 以下。

三、实验仪器与器件

- 数字示波器   1台
- 模拟电路实验箱   1台
- 万用表   1只
- OP07,2DW231,IN4148、电阻、电容   若干

四、实验内容

(1) 按图 26.1 接线,用数字示波器监视输出波形。

(2) 按表 26.1 的内容,测量电路的输入电压与振荡频率的转换关系。

(3) 用数字示波器观察并描绘 u_o、u_{o1} 波形。

表 26.1 压控振荡器测量数据记录表

	$U_i(V)$	1	2	3	4	5	6
用示波器测得	$T(ms)$						
	$f(Hz)$						
用频率计测得	$f(Hz)$						

五、实验总结

作出电压-频率关系曲线,并讨论其结果。

六、预习要求

(1) 指出图 26.1 中电容器 C 的充电和放电回路。

(2) 定性分析用可调电压 U_i 改变 u_o 频率的工作原理。

(3) 电阻 R_3 和 R_4 的阻值如何确定?当要求输出信号幅值为 $12V_{P-P}$,输入电压值为 3V,输出频率为 3000Hz,计算出 R_3、R_4 的值。

实验 27　数显式频率计

一、实验目的
(1) 学习综合电路的搭试,培养独立实验技能。
(2) 了解数显式频率计的工作原理及基本结构。
(3) 了解数字集成电路的应用。

二、实验原理

数显式频率计电路如图 27.1 所示。IC$_4$~IC$_7$ 为十进制加减计数器/译码/锁存/驱动集成电路 CD40110。CP$_U$ 为加法输入端,当有脉冲输入时,计数器作加法计数;CP$_D$ 为减法输入端,当有脉冲输入时,计数器作减法计数。QC$_0$ 为进位输出端,当计数器作加法计数时,每计满 10 个数后,QC$_0$ 端输出一个脉冲,该脉冲为进位脉冲,送入高一位的输入端 CP$_U$。CR 为计数器的清零端,当 CR 端加上高电平时,计数器的输出状态为零,并使相应的数码管显示"0"。

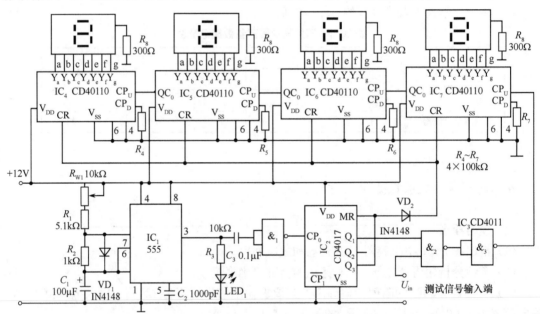

图 27.1　数显式频率计电路

555 时基电路组成基准脉冲产生电路,它产生 1Hz 的方波信号,经与非门 1 反相后,作为控制信号加在 IC$_2$ 的输入端 CP$_0$ 上,产生时序控制信号,从而实现 1 秒钟内的计数(即频率检测)、数值保持及自动清零的功能。从电路波形图 27.2 中可以看出,当与非门 1 输出第一个高电平脉冲信号时,这个脉冲使得 IC$_2$ 的 Q$_1$ 输出端由低电平变为高电平,在 IC$_2$ 的输入端 CP$_0$ 输入的第二个脉冲信号到来之前,IC$_2$ 的 Q$_1$ 端一直保持高电平。在 Q$_1$ 端输出高电平时,由与非门 2、3 组成的"与"控制门被打开,被测信号可以通过与非门 2、3 送入 IC$_7$ 的输入端 CP$_U$,进行脉冲计数,由于 IC$_1$ 的振荡周期为 1s,则在 1s 内计数器的计数结果即为被测信号的频率。当与非门 1 输出第二个脉冲信号时，IC_2 的 Q_1 端由高电平变为低电平，输出端 Q_2 由低电平变为高电平。Q_1 端输出的低电平使与非门 2、3 组成的"与"控制门关闭，被测信号不再传输给 IC_7，使 IC_7 停止计数。在与非门 1 输出第三个脉冲到来之前，Q_2 一直保持高电平，这段时间为数值保持时间，在这段时间内，可以对测试结果进行读数。当与非门 1 输出第三个脉冲时，IC_2 的 Q_2 端变为低电平，Q_3 端输出高电平，但由于 Q_3 直接与 IC_2 的清零端 MR 相连，Q_3 端输出的高电平使 IC_2 复位清零，Q_1、Q_2 及 Q_3 端全部变为低电平。与此同时，Q_3 端出现的高电平经 VD_2 加到 $IC_4 \sim IC_7$ 的 CR 清零端，使计数器及数码管清零，以便下次重新进行计数测量。

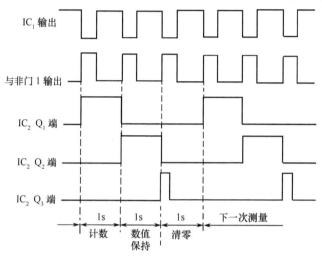

图 27.2　电路波形图

CD40110 的引脚分布图如图 27.3 所示，其功能表见表 27.1。

图 27.3　CD40110 的引脚分布图

表 27.1　**CD40110 功能表**

输　入					计　数　器	
CP_U	CP_D	$\overline{LD}$	$\overline{CT}$	CR	功能	显示
↑	×	L	L	L	加 1	随计数器显示
×	↑	L	L	L	减 1	随计数器显示
↓	↓	×	×	L	保持	保持
×	×	×	×	H	清除	随计数器显示
×	×	×	H	L	禁止	不变
↑	×	H	L	L	加 1	不变
×	↑	H	L	L	减 1	不变

CO：进位输出。

CP_D：减计数脉冲输入端。

CP_U：加计数脉冲输入端。

CR：清零端。

$\overline{CT}$：计数允许控制端。

$\overline{LE}$：锁存器预置端。

V_{DD}：正电源端。

V_{SS}：接地端。

119 ·

$Y_a \sim Y_g$:锁存译码输出端(接显示器的 a～g 端)。

三、实验仪器与器件

● 数字实验箱　　1 台

● 集成电路芯片：　7555；4×CD40110；CD4011；CD4017

● 电阻器、电容器、二极管：4×100kΩ、10kΩ、1kΩ、4×300Ω 电阻；100μF、1000pF
电容若干；二极管 2×IN4148 等

四、实验内容

按电路图搭试并验证。

五、预习要求

预习读懂电路工作原理,并简述之。

六、实验报告

写出实验体会,实验中遇到的问题是如何解决的?

实验 28　数字电压表

一、实验目的
(1) 学习综合电路的搭试、调试系统电路的方法,培养独立实验技能。
(2) 了解数字电压表的工作原理及其基本结构。

二、实验原理
数字电压表的原理框图如图 28.1 所示,主要由脉冲发生器 NE555、时序发生器 74LS123、计数器 74LS193、74LS90、译码器 74LS47、LED 共阳极显示器组成。脉冲发生器产生约 1kHz 的方波信号,时序发生器产生锁存和清零脉冲,由 74LS193 构成的计数器产生被测电压的十六进制数字量,由 74LS90 构成的计数器产生对应于被测电压的十进制数字量,锁存器保存该数字量以备显示,译码器和显示器完成测量结果的显示任务。

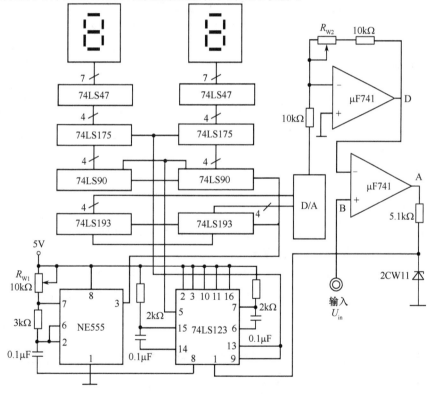

图 28.1　数字电压表的原理框图

当输入端有正电压信号输入时,电压比较器的输出 V_A 为高电平,计数器开始计数,同时,D/A 转换器将计数值转换成模拟电压,送给电压比较器的反相端,与被测电压进行比较,随着计数值的增大,D/A 转换器的输出电压也增大,当 $V_B(V_B = U_{in} = V_D)$ 等于(实际上稍大于)被测电压时,比较器的输出跳到低电平。此信号送给 74LS123,使其产生一个锁存脉冲,等到数据锁存稳定后,74LS123 又发出一清零脉冲,使计数器清零。此后,比较器输出又为高电平,计数器开始重新计数,同时,锁存器中的测量结果经解码后显示在显示器上。

三、实验仪器与器件

- 数字电路实验箱　　　　　1台
- 数字示波器　　　　　　　1台
- 电阻、电位器、电容器等　　若干
- 集成电路芯片:DAC0832;μA741×3;七段共阳极显示器×2;74LS47,74LS193,74LS175,74LS90 各 2 块;NE555,74LS123,2CW1174LS193 芯片的引脚分布图如图 28.2 所示。

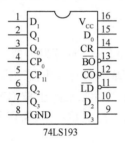

图 28.2　74LS193 芯片的引脚分布图

$1C_{ext}$,$2C_{ext}$:外接电容端。

$1Q$,$2Q$:正脉冲输出端。

$1\overline{Q}$,$2\overline{Q}$:负脉冲输出端。

$1\overline{RD}$,$2\overline{RD}$:直接清除端(低电平有效)。

$1R_{ext}/C_{ext}$,$2R_{ext}/C_{ext}$:外接电阻/电容端。

$1TR_+$,$2TR_+$:正触发输入端。

$1TR_-$,$2TR_-$:负触发输入端。

$\overline{BO}$:借位输出端(低电平有效)。

$\overline{CO}$:进位输出端(低电平有效)。

$\overline{LD}$:异步并行置入端(低电平有效)。

CP_0:减计数时钟输入端(上升沿有效)。

CP_{11}:加计数时钟输入端(上升沿有效)。

$D_0 \sim D_3$:并行数据输入端。

$Q_0 \sim Q_3$:输出端。

74LS123 芯片的引脚分布图如图 28.3 所示。

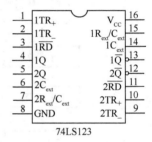

图 28.3　74LS123 芯片的引脚分布图

四、实验内容

(1) 对所用集成电路做认真检查,排除劣质和功能有误的集成电路。

(2) 按原理图 28.1 接线,并认真检查。

(3) 分块调试脉冲发生器、计数器、锁存器、译码器、显示器。

(4) 测量某一标准电压,调节 R_{w2} 使显示值与被测值相符(要求有效数字两位)。

五、预习要求

(1) 画出电路图,选取元器件。预习读懂电路各部分的工作原理,并简述之。

(2) 列出调试数字电压表的步骤。

六、实验报告

(1) 总结数字电压表的整个调试过程。

(2) 写出实验体会,分析实验中调试发现的问题及是如何解决的。

实验 29　电子秒表

一、实验目的

（1）学习数字电路中基本 RS 触发器、单稳态触发器、时钟发生器及计数器、译码显示等单元电路的综合应用。

（2）学习电子秒表的调试方法。

二、实验原理

如图 29.1 所示为电子秒表的原理图，按功能可分成 4 个单元对电路进行分析。

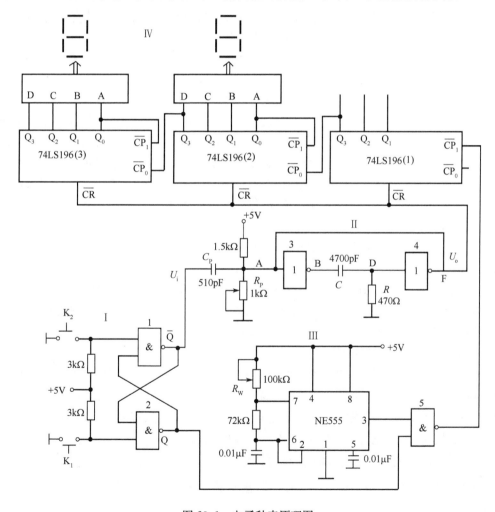

图 29.1　电子秒表原理图

1. 基本 RS 触发器

图 29.1 中单元 I 为集成与非门构成的基本 RS 触发器，属于低电平直接触发的触发器，

且有直接置位、复位的功能。它的一路输出 $\overline{Q}$ 作为单稳态触发器的输入,另一路输出 Q 作为与非门 5 的输入控制信号。

按下按钮开关 K_2（接地）,则门 1 输出 $\overline{Q}=1$；门 2 输出 Q=0；K_2 复位后,Q、$\overline{Q}$ 状态保持不变。再按下按钮开关 K_1,则 Q 由 0 变为 1,门 5 开启,为计数器启动做好准备；$\overline{Q}$ 由 1 变 0,送出负脉冲,启动单稳态触发器工作。基本 RS 触发器在电子秒表中的作用是启动和停止电子秒表的工作。

2. 单稳态触发器

图 29.1 中单元 Ⅱ 为用集成与非门（或者用集成非门）构成的微分型单稳态触发器,图 29.2 所示为各点的波形图。单稳态触发器的输入触发负脉冲信号 U_i 由基本 RS 触发器的 $\overline{Q}$ 端提供,输出负脉冲 U_o 则加到计数器的异步清除端 $\overline{CR}$。

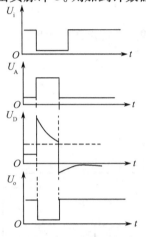

图 29.2　单稳态触发器各点的波形图

静态时,门 4 应处于截止状态,故电阻 R 必须小于门的关门电阻 R_{OFF},定时元件 R、C 取值不同,输出脉冲宽度也不同。当触发脉冲宽度小于输出脉冲宽度时,可以省去输入微分电路的 R_P 和 C_P。

单稳态触发器在电子秒表中的作用是为计数器提供清零信号。

3. 时钟发生器

图 29.1 中单元 Ⅲ 为用 555 定时器构成的多谐振荡器,是一种性能较好的时钟源。调节电位器 R_W,使在 555 的输出端 3 获得频率为 50Hz 的矩形波信号,当基本 RS 触发器 Q=1 时,门 5 开启,此时 50Hz 脉冲信号通过门 5 作为计数脉冲加于计数器 74LS196(1) 的计数输入端 $\overline{CP_1}$。

4. 计数及译码显示

二-五-十进制加法计数器 74LS196 构成电子秒表的计数单元,如图 29.1 中单元 Ⅳ 所示。其中,计数器 74LS196(1) 接成五进制形式,对频率为 50Hz 的时钟脉冲进行 5 分频,在输出端 Q_3 获取得周期为 0.1s 的矩形脉冲,作为计数器 74LS196(2) 的时钟输入,计数器 74LS196(2) 及 74LS196(3) 接成 8421 码十进制形式,其输出端与实验设备上译码显示单元的相应输入端连接,可显示 0.1～0.9s、1～9.9s。

5. 74LS196 引脚排列及功能

图 29.3 所示为 74LS196 的引脚排列,表 29.1 为其功能表。异步清除端 $\overline{CR}$ 为低电平时,可完成清除功能,与时钟脉冲 $\overline{CP_0}$、$\overline{CP_1}$ 状态无关。清除功能完成后,应置高电平。计数/置数控制端 $CT/\overline{LD}$ 为低电平时,输出端 $Q_3 \sim Q_0$ 可预置成与数据输入端 $D_3 \sim D_0$ 相一致的状态,而与 $\overline{CP_0}$、$\overline{CP_1}$ 状态无关,预置后置高电平。计数时,$\overline{CR}$、$CT/\overline{LD}$ 置高电平,在 $\overline{CP_0}$、$\overline{CP_1}$ 下降沿时进行计数。

（1）十进制数（8421 码）：$\overline{CP_1}$ 与 Q_0 连接,计数脉冲由 $\overline{CP_0}$ 输入。

（2）二-五混合进制计数：$\overline{CP_0}$ 与 Q_3 连接,计数脉冲由 $\overline{CP_1}$ 输入。

（3）2 分频、5 分频计数：$\overline{CP_0}$ 输入,在 Q_0 得 2 分频输

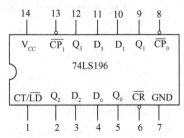

图 29.3　74LS196 引脚排列图

出;$\overline{CP_1}$ 输入,在 $Q_1 \sim Q_3$ 得 5 分频输出。

表 29.1　74LS196 功能表

输　　入							输　　出			
$\overline{CR}$	$CT/\overline{LD}$	$\overline{CP}$	D_3	D_2	D_1	D_0	Q_3	Q_2	Q_1	Q_0
0	×	×	×	×	×	×	0	0	0	0
1	0	×	d_3	d_2	d_1	d_0	d_3	d_2	d_1	d_0
1	1	↓	×	×	×	×	加计数			

三、实验仪器与器件

- 数字示波器　　　1 台
- 直流电压表　　　1 台
- 数字频率计　　　1 台
- 数字实验箱　　　1 台
- 集成电路芯片:74LS00×2;NE555;74LS196×3

四、实验内容

由于实验电路中使用的器件较多,实验前必须合理安排各器件在实验设备上的物理位置,使电路逻辑清楚,接线较短。实验时,应按照实验任务的次序,将各单元电路逐个进行接线和调试,即分别测试 RS 触发器、单稳态触发器、时钟发生器及各计数器的逻辑功能,待各单元电路工作正常后,再将有关电路逐级连接起来进行测试……直到测试电子秒表整个电路的功能。这样的测试方法有利于检查和排除故障,保证实验顺利进行。

1. **基本 RS 触发器的测试**

测试方法参考实验二十"集成电路触发器及应用"。

2. **单稳态触发器的测试**

(1) 静态测试:用直流数字电压表测量 A、B、D、F 各点的电位值,并记录其值。

(2) 动态测试:输入端接 1kHz 连续脉冲源,用示波器观察并描绘 D 点(U_D)、F 点(U_o)波形。若单稳输出脉冲持续时间太短,难以观察,则可适当加大微分电容 C(如改为 $0.1\mu F$)的容量,待测试完毕后,再恢复 4700pF。

3. **时钟发生器的测试**

用示波器观察输出电压波形并测量其频率,调节 R_W,使输出矩形波的频率为 50Hz。

4. **计数器的测试**

(1) 计数器 74LS196(1)接成五进制形式,$\overline{CR}$、$CT/\overline{LD}$、$D_3 \sim D_0$ 接逻辑开关,CP_1 接单次脉冲源,$Q_3 \sim Q_1$ 接实验设备上译码显示输入端 C、B、A,按表 29.1 逐项测试其逻辑功能,并记录。

(2) 计数器 74LS196(2)及 74LS196(3)接成 8421 码十进制形式,同(1)进行逻辑功能测试,并记录。

(3) 将计数器 74LS196(1)、74LS196(2)、74LS196(3)级联,进行逻辑功能测试,并记录。

5. **电子秒表的整体测试**

各单元电路测试正常后,按图 29.1 把几个单元电路连接起来,进行电子秒表的总体测试。

先按下按钮开关 K_2，此时电子秒表不工作。再按下按钮开关 K_1，则计数器清零后便开始计时，观察数码管显示计数情况是否正常。如果不需要计时或暂停计时，按下按钮开关 K_2，计时立即停止，但数码管保留所计时之值。

6. 电子秒表准确度的测试

利用电子钟或手表的秒计时对电子秒表进行校准。

五、预习要求

（1）复习数字电路中基本 RS 触发器、单稳态触发器、时钟发生器及计数器等内容。

（2）除了实验中所采用的时钟源外，选用另外两种不同类型的时钟源供本实验用。画出电路图，选取元器件。预习电路工作原理，并简述之。

（3）列出电子秒表各单元电路的测试表格。

（4）列出调试电子秒表的步骤。

六、实验报告

（1）总结电子秒表的整个调试过程。

（2）写出实验体会，实验调试发现问题是如何解决的，即排除故障的方法。

七、设计性实验

1. 实验目的

通过实验，进一步学习简单电路的设计方法，熟练掌握电路的调试方法。

2. 设计题目

设计和装调一个数字式转速表电路，设计要求如下：

（1）测试范围：1Hz～10kHz。

（2）信号输入采用光电转换电路，实现转速的无接触测量。

（3）采用启动一次测量一次的控制方式，即不要求连续测量。

3. 实验内容及要求

（1）写出设计电路原理。调试、检验电路是否满足设计要求，如不满足，重新调试，使其满足设计技术要求。

（2）写出实验总结报告；画出调试成功的设计电路。

实验 30 The Application of IC 555 Timer

一、Experiment Aims

(1) The applications of IC 555 timer can be mastered.

(2) The experiment English about electronics circuit is studied.

(3) The application abilities about specialty English are educated for the students of electron and information.

(4) The students are demanded to masterly note, analyze and process experiment data by English.

二、Experiment Theory Figure

In this experiment you will investigate the performance of the 555-timer chip that you will find in your Laboratory Kit. You will have to refer to the 555 data sheet that was handed out in class. This data sheet shows both the schematic for the 555 and some typical applications.

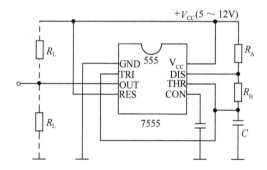

Figure 30. 1: Astable Oscillator using 555 Timer Chip

三、Experiment meter

● Digital Circuit Laboratory Kit

● Oscillograph

● DVM

● Frequency Counter

● Resistances and Capacitances

● JFET: 3DJ6

● IC: 7555

四、Experiment Content

(1) Construct an astable oscillator, operating from the +12V supply in your lab Kit, which produces an output of 10kHz with a duty cycle in excess of 0.1. Note that to avoid damaging your 555, you should not use resistor values less than 1kΩ in the timing portion of your circuit. With the frequency of your oscillator set to 10kHz, measure the duty cycle.

Note: The 555, along With some other timer chips, generates a very big[≈200mA] supply-current glitch during each output transition. Be sure to use a hefty (=10μF) bypass capacitor from the chip V_{cc} pin to ground, physically near the chip. Even so, the 555 may have a tendency to generate double output transitions. Most of the CMOS versions of the 555 do not have this problem and also draw far less current can swing rail-to-rail at the output, and can operate down to 1 or 2 volts V_{cc}!

(2) Without changing any of the component values in your circuit, reconnect all of your circuit to operate from the +5V supply in your lab Kit. Measure the frequency and duty cycle and compare with the values you found in part 1. Why do these values vary so little with supply voltage?

(3) You can use the 555 chip to generate a sawtooth waveform, instead of the square wave available from output pin 3. One way to do this is to drive the capacitor with a current source(which will give a linear capacitor voltage with time) and to reset the capacitor (discharge it) with the 555 discharge connection. Design and construct such a circuit to generate a 10kHz sawtooth waveform with a reset time less than 1% of the period of the sawtooth. Construct your current source using the 3DJ6 FET in the configuration shown in Figure 30.2. The FET characteristics and the value of the resistor R determine the current supplied by this source.

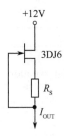

Figure 30.2:JFET current source

Note: to protect your 555 from damage when discharging the capacitor you should usually make sure that there is at least a 1kΩ resistor in the discharge path. However, this resistor will distort the sawtooth waveform if it is located as shown above [R_2]. You may relocate this resistor so that it is still in series with pin 7, but mot in the charging path, You may also eliminate this resistor entirely if your timing capacitor is small enough so that the transistor saturation resistance will limit the discharge current to safe levels.

(4) Using the 555 timer IC, design and construct a voltage-controlled sawtooth osvillator. Yout desegn objevtive should be a frequency variation of about 100kHz to 10kHz as

the input voltage is varied from approximately 0 to 12 volts. You may use a pot to provide the adjustable control voltage. You can use the DC offset voltage from your function generator as a control voltage. One of the circuits you might want to try is the "voltage controlled current source"[VCCS] handed out in class. The output transistor of this circuit connects in place of resistor R_1. Your write-up should show your design and also list the lowest and highest frequencies that you obtained from your design.

五、Experiment Report

(1) Please the students note, analyze and process experiment data by English.

(2) Please the students write an experiment report by English.

附录 A　几种常用仪器的使用说明

A.1　数字示波器(SDS1000A)

SDS1000A 系列数字示波器体积小巧、操作灵活,采用 7 寸宽屏彩色 TFT-LCD 及弹出式菜单显示实现了它的易用性,大大提高了用户的工作效率。此外,该系列示波器性能优异、功能强大,具有较高的性价比。其实时采样率最高 1GSa/s、存储深度最高 2Mpts,完全满足捕捉速度快、复杂信号的市场需求;支持 USB 设备存储,用户还可通过 U 盘对软件进行升级,最大程度地满足了用户的需求;所有型号产品都支持 PictBridge 直接打印,满足最广泛的打印需求。功能特点如下:

① 超薄外观设计、体积小巧、桌面空间占用少、携带更方便;

② 7 寸彩色 TFT-LCD 显示,波形显示更清晰、稳定;

③ 丰富的触发功能:边沿、脉冲、视频、斜率、交替;

④ 独特的数字滤波与波形录制功能;

⑤ 3 种光标模式、32 种自动测量种类;

⑥ 2 组参考波形、20 组普通波形、20 组设置内部存储/调出,支持波形、设置、CSV 和位图文件 U 盘外部存储及调出;

⑦ 通道波形与 FFT 波形同时分屏显示功能;

⑧ 通道波形亮度及屏幕网格亮度可调;

⑨ 弹出式菜单显示模式,用户操作灵活自然;

⑩ 丰富的界面显示风格:经典、现代、传统、简洁;

⑪ 12 种语言界面显示,嵌入式在线帮助系统;

⑫ 标准配置接口:USB Host、USB Device、LAN、RS-232、Pass/Fail 接口。

一、SDS1000A 面板和用户界面简介

下面对 SDS1000A 系列示波器的前面板和用户界面进行简单的介绍和描述。

1. 前面板

SDS1000A 系列示波器前面板如图 A.1 所示,图中编号功能说明如下:①电源开关;②菜单开关;③万能旋钮;④功能选项键;⑤默认设置;⑥帮助信息;⑦单次触发;⑧运行/停止控制;⑨波形自动设置;⑩触发系统;⑪探头元件;⑫外触发输入端;⑬水平控制系统;⑭系统输入端;⑮垂直控制;⑯打印键;⑰菜单选项;⑱ USB Host。

2. 用户界面

SDS1000A 系列示波器用户界面如图 A.2 所示,图中编号功能说明如下。

① 产品商标:Siglent 为本公司注册商标。

② 运行状态:示波器可能的状态包括 Ready(准备)、Auto(自动)、Triq'd(触发)、Scan(扫描)、Stop(停止)。

③ U 盘连接标识:U 盘成功识别后才显示该标识。

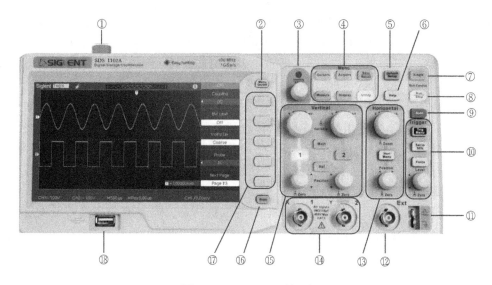

图 A.1　SDS1000A 前面板

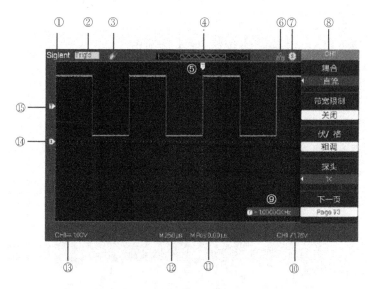

图 A.2　SDS1000A 界面显示区

④ 波形存储器：显示当前屏幕中的波形在存储器中的位置。

⑤ 触发位置：显示波形存储器和屏幕中波形的触发位置。

⑥ LAN 口连接标识：表示 LAN 口是否连接成功。

⑦ 打印键功能：一键存储功能标识。

⑧ 通道选择：显示当前正在操作的功能通道名称。

⑨ 频率显示：显示当前触发通道波形的频率值。Utility 菜单中的"频率计"设置为"开启"
才能显示对应信号的频率值，否则不显示。

⑩ 触发设置：

触发电平值——显示当前触发电平的位置；

触发类型——显示当前触发类型及触发条件设置，不同触发类型对应的标志不同。

⑪ 触发位移：使用水平 Position 旋钮可修改该参数。向右旋转使箭头（初始位置为屏幕

正中央)右移,触发位移值(初始值为 0)相应减小;向左旋转使箭头左移,触发位移值相应增大。按下该键使参数自动恢复为 0,且箭头回到屏幕正中央。

⑫ 水平时基:表示屏幕水平轴上每格所代表的时间长度。使用 s/DIV 旋钮可修改该参数,可设置范围为 2.5ns/DIV～50s/DIV。

⑬ 通道参数:若当前带宽为开启,则显示该标志。表示屏幕垂直轴上每格所代表的电压大小。使用 Volts/DIV 旋钮可修改该参数,可设置范围为 2mV/DIV～10V/DIV。显示当前波形的耦合方式。示波器有直流、交流、接地 3 种耦合方式,且分别有相应的 3 种显示标志。

⑭ 通道垂直位移标志:显示当前波形垂直位移位置所在。向左或向右旋转垂直位移旋钮,此标志会相应地向下或向上移动。

⑮ 触发电平标志:显示当前波形触发电平的位置所在。向左或向右旋转触发电平旋钮 Level,此标志会相应地向下或向上移动。

二、功能检查

为了验证示波器是否正常工作,执行一次快速功能检查。操作步骤进行如下:

(1) 打开示波器电源,示波器执行所有自检项目,并确认通过自检。按下【Default Setup】按钮,探头选项默认的衰减设置为 1X。

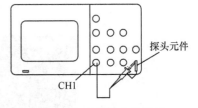

图 A.3　功能检查连接图

(2) 将示波器探头上的开关设定到 1X 并将探头与示波器的通道 1 连接。将探头连接器上的插槽对准 CH1 同轴电缆插接件(BNC)上的凸键,按下去即可连接,然后向右旋转以拧紧探头。将探头端部和基准导线连接到"探头元件"连接器上,如图 A.3 所示。

(3) 按下【Auto】按钮,几秒内屏幕会显示频率为 1kHz 电压约为 3V 峰-峰值的方波,如图 A.4 所示。

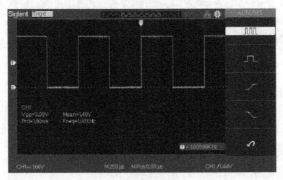

图 A.4　功能检查方波输出

三、功能介绍及操作

为了有效地使用示波器,需要了解示波器的各个按键和旋钮,包括菜单和控制按钮、触发系统、连接器、信号获取系统、自动设置、显示系统、默认设置、测量系统、万能旋钮、存储系统、垂直系统、辅助系统、水平系统、在线帮助功能。

1. 菜单和控制按钮

SDS1000A 整个操作区域如图 A.5 所示,各个菜单和控制按钮功能如表 A.1。

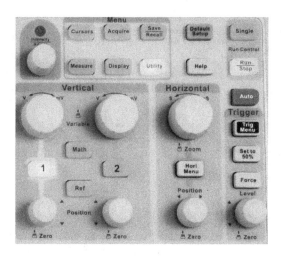

图 A.5 菜单和控制按钮

表 A.1 菜单和控制按钮功能

1、2	显示通道 1、通道 2 设置菜单
Math	显示数学计算功能菜单
Ref	显示参考波形菜单
Hori Menu	显示水平菜单
Trig Menu	显示触发控制菜单
Set to 50%	设置触发电平为信号幅度的中点
Force	无论示波器是否检测到触发,都可以使用【Force】按钮完成对当前波形采集
Save/Recall	显示设置和波形的存储/调出菜单
Acquire	显示采样菜单
Measure	显示自动测量菜单
Cursors	显示光标菜单。当显示光标菜单且无光标激活时,万能旋钮可以调整光标的位置
Display	显示显示菜单
Utility	显示辅助系统功能菜单
Default Setup	调出出厂设置
Help	进入在线帮助系统
Auto	自动设置示波器控制状态,以显示当前输入信号的最佳效果
Run/Stop	连续采集波形或停止采集。注意:在停止状态下,对于波形垂直挡位和水平时基可以在一定范围内调整,即对信号进行水平或垂直方向上的扩展
Single	采集单个波形,然后停止

2. 连接器

连接器如图 A.6 所示。

(1) CH1、CH2:用于显示波形的输入连接器。

(2) Ext Trig:外部触发源的输入连接器。使用"Trig Menu"选择"Ext"或"Ext/5"触发源,这种触发源可用于在两个通道上采集数据的同时在第三个通道上触发。

(3) 探头元件:电压探头补偿输出及接地,用于使探头与示波器电路互相匹配。

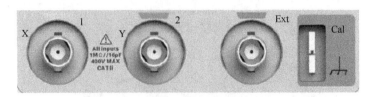

图 A.6　连接器

注意：如将电压连接到接地端，在测试时可能会损坏示波器或电路。为避免此种情况发生，请不要将电压源连接到任何接地端。

3. 自动设置

SDS1000A 系列数字示波器具有自动设置的功能。根据输入的信号，可自动调整电压挡位、时基及触发方式，以显示波形最好形态。【Auto】按钮为自动设置的功能按钮，自动设置功能菜单如表 A.2 所示。

表 A.2　自动设置功能菜单

选项	说明
（多周期）	设置屏幕自动显示多个周期信号
（单周期）	设置屏幕自动显示单个周期信号
（上升沿）	自动设置并显示上升时间
（下降沿）	自动设置并显示下降时间
（撤销）	调出示波器以前的设置

自动设置也可在刻度区域显示几个自动测量结果，这取决于信号类型。【Auto】按钮自动设置基于以下条件确定触发源：

（1）如果多个通道有信号，则具有最低频率信号的通道作为触发源；

（2）未发现信号，则将调用自动设置时所显示编号最小的通道作为触发源；

（3）未发现信号并且未显示任何通道，示波器将显示并使用通道 1。

向通道 1 接入一信号，按下【Auto】按钮，如图 A.7 所示，自动设置功能项目如表 A.3 所示。

表 A.3　自动设置功能项目

功能	设置
采集模式	采样
显示方式	Y-T
显示类型	视频信号设置为"点"，FFT 谱设置为"矢量"；否则不改变
垂直耦合	根据信号调整到交流或直流
带宽限制	关闭（满带宽）
V/DIV	已调整
垂直挡位调节	粗调
信号反相	关闭
水平位置	居中
s/DIV	已调整

功能	设置
触发类型	边沿
触发信源	自动检测到有信号输入的通道
触发斜率	上升
触发方式	自动
触发耦合	直流
触发释抑	最小
触发电平	设置为 50%

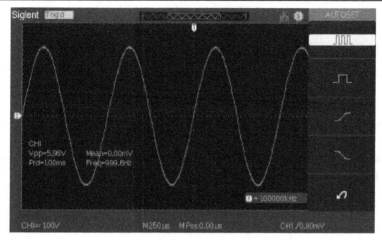

图 A.7　自动设置

4. 默认设置

示波器在出厂前被设置为用于常规操作,即默认设置。【Default Setup】按钮为默认设置的功能按钮,按下【Default Setup】按钮调出厂家多数的选项和控制设置,有的设置不会改变,不会重新设置以下设定:

(1) 语言选项;

(2) 保存的基准波形;

(3) 保存的设置文件;

(4) 显示屏对比度;

(5) 校准数据。

5.【万能】旋钮

SDS1000A 系列有一个特殊的旋钮——万能旋钮,此旋钮具有以下功能:

(1) 当旋钮上方灯不亮时,旋转旋钮可调节示波器波形亮度;

(2) 在 Pass/Fail 功能中,调节规则的水平和垂直容限范围;

(3) 在触发菜单中,设置释抑时间、脉宽;

(4) 光标测量中调节光标位置;

(5) 视频触发中设置指定行;

(6) 波形录制功能中录制和回放波形帧数的调节;

(7) 滤波器频率上下限的调整;

（8）各个系统中调节菜单的选项；

（9）存储系统中，调节存储/调出设置、波形、图像的存储位置。

6．垂直系统

如图 A.5 所示，在垂直控制区（Vertical）有一系列的按键、旋钮，可以使用垂直控制来显示波形、调整垂直刻度和位置。每个通道都有单独的垂直菜单，每个通道都能单独进行设置。

（1）CH1、CH2 通道设置

CH1、CH2 通道设置如表 A.4 和表 A.5 所示。

表 A.4　CH1,CH2 功能菜单

选项	设置	说明
耦合	直流	直流既通过输入信号的交流分量，又通过它的直流分量
	交流	交流会阻碍输入信号的直流分量和低于 10Hz 的衰减信号
	接地	接地会断开输入信号
带宽限制	开启	限制带宽，以便减小显示噪声
	关闭	过滤信号，减小噪声和其他多余的高频分量
伏/格	粗调 细调	选择【伏/格】旋钮的分辨率。粗调定义一个 1-2-5 序列：2mV/DIV，5mV/DIV，…，10V/DIV；细调将分辨率改为粗调设置之间的小步进
探头	1X 5X 10X 50X 100X 500X 1000X	使其与所使用的探头类型相匹配，以确保获得正确的垂直读数
下一页	Page1/2	按此按钮进入第二页菜单
反相	开启	打开反相功能
	关闭	关闭波形反相功能
数字滤波		按此按钮进入数字滤波菜单（见表 A.5）
下一页	Page2/2	按此按钮返回第一页菜单

表 A.5　数字滤波功能菜单

选项	设置	说明
数字滤波	开启	打开数字滤波器
	关闭	关闭数字滤波器
滤波类型		滤波器可设置为低通滤波、高通滤波、带通滤波和带阻滤波
频率上限		旋转万能旋钮设置频率上限
频率下限		旋转万能旋钮设置频率下限
返回		返回数字滤波主菜单

【接地】耦合:使用【接地】耦合可以显示一个零伏特波形。在内部,通道输入与零伏特参考电平连接。

细调分辨率:在细调分辨率设定中,垂直刻度读数显示实际的【Volts/DIV】设定。只有调整了【伏/格】控制后,将设定改变为粗调的操作才会改变垂直刻度。

1、2、Math、Ref 按钮:屏幕显示对应通道的操作菜单、标志、波形和挡位信息。

取消波形:要取消一个波形,可按下 1 或 2 按钮,以便通道显示它的垂直菜单。再次按下 1 或 2 按钮就可以取消波形。

注意:

i. 示波器垂直响应略微大于其带宽,这取决于示波器的型号,或当带宽限制选项设为"开"时,为 20MHz。因此,FFT 谱可以高于示波器带宽的有效频率信息。然而,接近或高于带宽的幅度信息将会不精确。

ii. 如果通道耦合方式为 DC,可以通过观察波形与信号地之间的差距来快速测量信号的直流分量。

iii. 如果耦合方式为 AC,信号里的直流分量被滤除。这种方式可方便用户用更高的灵敏度显示信号的分流分量。

① 通道耦合设置

以 CH1 通道为例,被测信号是一个含有直流偏置的正弦信号。

● 按【1】选择【耦合】为【交流】,设置耦合方式为交流耦合,被测信号的直流分量被阻隔。如图 A.8 所示。

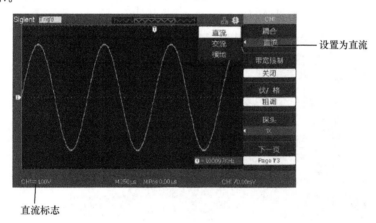

图 A.8　通道耦合设置

● 按【1】选择【耦合】为【直流】,设置直流耦合,被测信号含有的直流分量和交流分量都可以通过。

● 按【1】选择【耦合】为【接地】,设置耦合方式接地,被测信号含有的直流分量和交流分量都被阻隔,示波器与测试地相连,显示零电平信号。

② 设置通道带宽限制

以 CH1 通道为例,被测信号是一个含有高频振荡的脉冲信号。

● 按【1】选择【带宽限制】为【开启】,设置带宽限制为开启状态,被测信号含有的大于 20MHz 的高频分量幅度被限制。如图 A.9 所示。

● 按【1】选择【带宽限制】为【关闭】,设置带宽限制为关闭状态,被测信号含有的高频分量幅度未被限制。

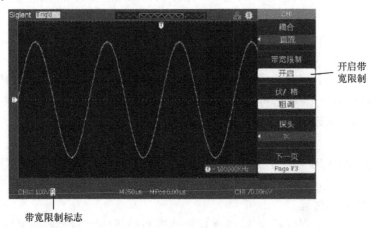

开启带宽限制

带宽限制标志

图 A.9　设置带宽限制

③ 挡位调节设置

垂直挡位调节分为粗调和细调两种模式，垂直灵敏度的范围时 2mV/DIV～10V/DIV。以 CH1 通道为例。

● 选择【伏/格】为【粗调】，粗调以 1-2-5 方式步进确定垂直灵敏度。

● 按【1】选择【伏/格】为【细调】，细调在当前垂直挡位内进一步调整。如果输入的波形幅度在当前挡位略大于满刻度，而应用下一挡位波形显示幅度稍低，可以应用细调改善波形显示幅度，以利于观察信号细节，如图 A.10 所示。

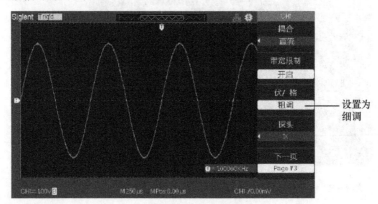

设置为细调

图 A.10　挡位调节设置

④ 探头比例设置

为了配合探头的衰减系数，需要在通道操作菜单响应调节探头衰减比例系数。若探头衰减系数为 10∶1，示波器输入通道的比例也应设置为 10X，以避免显示的挡位信息和测量的数据发生错误。以 CH1 通道为例，若应用 100∶1 探头时，按【1】选择"探头"为【100X】。如图 A.11所示。

⑤ 波形反相设置

以 CH1 通道为例，按【1】选择【反相】为【开启】，显示的信号相对于地电位翻转 180°，如图 A.12所示。

⑥ 数字滤波设置

按【1】，再按【下一页】选择【数字滤波】，系统显示 Filter 数字滤波功能菜单。

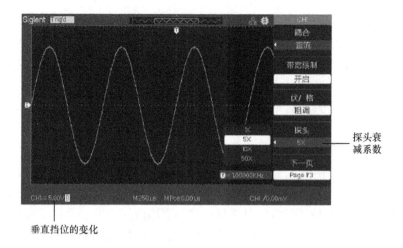

垂直挡位的变化

图 A.11 探头比例设置

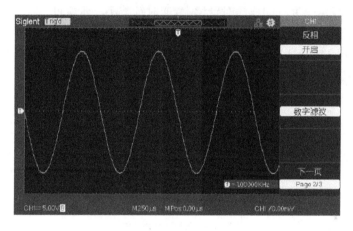

图 A.12 波形反向设置

选择【滤波类型】，再选择【频率上限】或【频率下限】，旋转万能旋钮设置频率上限和下限，选择或滤除设定频率范围。

按【1】选择【下一页】，再按【数字滤波】选择【关闭】，关闭数字滤波功能。

按【1】选择【下一页】，再按【数字滤波】选择【开启】，打开数字滤波功能如图 A.13 所示。

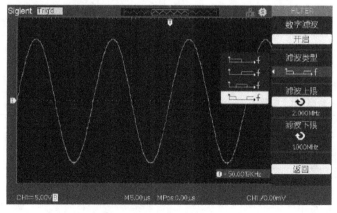

图 A.13 数字滤波设置

（2）垂直系统的【Position】旋钮和【Volts/DIV】旋钮的应用

① 垂直【Position】旋钮作用

● 此旋钮可调整所有通道（包括 Math）波形的垂直位置。这个控制旋钮的分辨率根据垂直挡位而变化。

● 调整通道波形的垂直位置时，屏幕在左下角显示垂直位置信息。例如，"VoltsPos＝24.6mV"。

● 按下【Position】旋钮可使垂直位置归零。

② 【Volts/DIV】旋钮作用

可以使用【Volts/DIV】旋钮调节所有通道的垂直分辨率控制器放大或衰减通道波形的信源信号。旋转【Volts/DIV】旋钮时，状态栏对应的通道挡位显示发生了相应的变化。

当使用【Volts/DIV】旋钮的按下功能时可以在【粗调】和【细调】间进行切换，粗调是以1-2-5 方式步进确定垂直挡位灵敏度。顺时针增大，逆时针减小垂直灵敏度。细调是在当前挡位进一步调节波形显示幅度。同样顺时针增大，逆时针减小显示幅度。

（3）Math 功能的实现

数学运算（Math）功能是显示 1、2 通道波形相加、相减、相乘、相除及 FFT 运算的结果。

按下【Math】按钮可以显示波形的数学运算，再次按下【Math】按钮可以取消波形运算。Math 功能菜单如表 A.6 所示，数学功能计算如表 A.7 所示。

表 A.6　Math 功能菜单

功能	设定	说明
操作	＋、－、＊、/、FFT	通道 1 与通道 2 波形的数学计算
反相	开启	打开 Math 波形反相功能
	关闭	关闭 Math 波形反相功能
↻ ⌇⌇↕		通过万能旋钮调节 Math 波形垂直位置
↻ ⌇↘		通过万能旋钮调节 Math 波形挡位

表 A.7　数学计算功能

运算	设置	说明
＋	CH1＋CH2	通道 1 的波形与通道 2 的波形相加
－	CH1－CH2	通道 1 的波形减去通道 2 的波形
	CH2－CH1	通道 2 的波形减去通道 1 的波形
＊	CH1＊CH2	通道 1 的波形与通道 2 的波形相乘
/	CH1/CH2	通道 1 的波形除以通道 2 的波形
	CH2/CH1	通道 2 的波形除以通道 1 的波形
FFT	快速傅里叶变换运算	

（4）REF 功能的实现

在实际测试过程中，可以把波形和参考波形样板进行比较，从而判断故障原因。此法在具有详尽电路工作点参考波形条件下尤为适用。REF 功能菜单如表 A.8 所示。

表 A.8　REF 功能菜单

选项	设置	说明
信源	CH1/CH2/CH1 关闭/CH2 关闭	选择显示波形进行存储
REFA REFB		选择存储或调出波形的参考位置
存储		将信源波形存储到选定的参考位置
REFA/REFB	开启	显示显示屏上的基准波形
	关闭	关闭显示屏上的基准波形

按下【Ref】按钮显示参考波形菜单如图 A.14 所示。

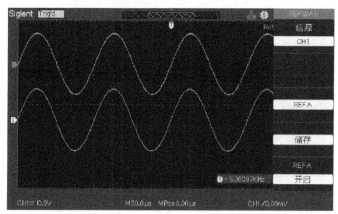

图 A.14　参考波形菜单

操作说明：

① 按下【Ref】菜单按钮，显示参考波形菜单。

② 选择参考波形的 CH1、CH2 中的任一通道。

③ 旋转【Position】旋钮和【Volts/DIV】旋钮，调整参考波形的垂直位置和挡位至适合的位置。

④ 按顶端第三个选项按钮选择【REFA】或【REFB】作为参考波形的存储位置。

⑤ 按下【存储】选项保存当前屏幕波形作为波形参考。

⑥ 按最底端选项按钮选择【REFA】为【开启】或【REFB】为【开启】调出参考波形。

7. 水平系统

如图 A.5 中所示，在水平控制区（Horizontal）有一个按钮、两个旋钮。

【Hori Menu】：按【Hori Menu】按钮显示水平菜单，在此菜单下可以开启/关闭窗口模式。此外，还可以设置水平【Position】旋钮的触发位移。

垂直刻度的轴为接地电平。靠近显示屏右下方的读数以秒为单位显示当前的水平位置。M 表示主时基，W 表示窗口时基。示波器还在刻度顶端用一个箭头图标来表示水平位置，Hori Menu 菜单如图 A.15 所示，水平系统功能菜单如表 A.9 所示。

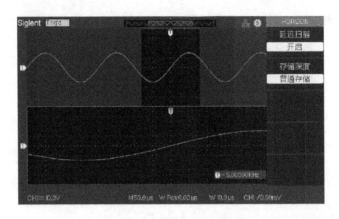

图 A.15　Hori Menu 菜单

表 A.9　水平系统的功能菜单

选项	设置	说明
延迟扫描	开启	显示原始波形的同时,在屏幕下半部分对选定波形区域进行水平扩展
	关闭	关闭延迟扫描功能,只显示原始波形
存储深度	普通存储	存储深度为普通存储
	长存储	设定存储深度为长存储,以获取更多的波形点数

(1) 水平控制旋钮

使用水平控制钮可改变水平刻度(时基)、触发在内存中的水平位置(触发位移)。屏幕水平方向上的中心是波形的时间参考点。改变水平刻度会导致波形相对于屏幕中心扩张或收缩。水平位置改变波形相对于触发点的位置。

① 水平【Position】旋钮作用

调整通道波形(包括 Math)的水平位置(触发相对于显示屏中心的位置)。这个控制钮的分辨率根据时基而变化。

使用水平【Position】旋钮的按下功能可以使水平位置归零。

②【s/DIV】旋钮作用

● 用于改变水平时间刻度,以便放大或缩小波形。如果停止波形采集(使用【Run/Stop】或【Single】按钮实现),【s/DIV】控制就会扩展或压缩波形。

● 调整主时基或窗口时基,即秒/格。当使用窗口模式时,将通过改变【s/DIV】旋钮改变窗口时基而改变窗口宽度。

● 连续按【s/DIV】旋钮可在【主时基】和【延迟扫描】选项间切换。

③ "扫描模式显示"作用

当【s/DIV】控制设置为 100ms/DIV 或更慢,且触发模式设置为【自动】时,示波器就进入扫描采集模式。在此模式下,波形显示从左向右进行更新。在扫描模式期间,不存在波形触发或水平位置控制。用扫描模式观察低频信号时,应将通道耦合设置为直流。

(2) 延迟扫描

延迟扫描用来放大一段波形,以便查看图像细节。窗口模式时基设定不能慢于主时基的设定。

在窗口区可以通过旋转水平【Position】旋钮左右移动，或旋转【s/DIV】旋钮扩大和减小选择区域。注意，窗口时基相对于主时基提高了分辨率，因此旋转【s/DIV】旋钮减小选择区域可以提高窗口时基，即提高了波形的水平扩展倍数。

若要观察局部波形的细节，可执行以下步骤：

① 按下【Hori Menu】按钮，显示【水平】菜单。

② 延迟扫描选择开启来启动延迟扫描功能。

③ 旋转【s/DIV】旋钮（调节窗口的大小）和旋转水平【Position】旋钮（调节窗口的位置）选定要观察的波形窗口，如图 A.15 所示，窗口时基不能慢于主时基。

8. 触发系统

触发器将确定示波器开始采集数据和显示波形的时间。正确设置触发器后，示波器就能将不稳定的显示结果或空白显示屏转换为有意义的波形。

如图 A.5 所示，在触发控制区（Trigger）有 1 个旋钮和 3 个按钮。

（1）【Trig Menu】：使用【Trig Menu】按钮调出触发菜单。

（2）【Set to 50%】：使用此按钮可以快速稳定波形。示波器可以自动将触发电平设置为大约是最小和最大电压电平间的一半。当把信号连接到【Ext Trig】并将信源设置为【Ext】或【Ext /5】时，此按钮很有用。

（3）【Force】：无论示波器是否检测到触发，都可以使用【Force】按钮完成当前波形采集。主要应用于触发方式中的【正常】和【单次】。

（4）【Level】：触发电平设定触发点对应的信号电压，以便进行采样。旋转【Level】旋钮可使触发电平归零。

触发位置通常设定在屏幕的水平中心。在全屏显示情况下，可以观察到预触发和延迟信息。可以旋转水平【Position】旋钮调节波形的水平位移，查看更多的预触发信息或延迟触发信息。

通过观察触发数据，可以了解触发以前的信号情况。例如捕捉到电路产生的毛刺，通过观察和分析预触发数据，可能会查出毛刺产生的原因。

9. 信号获取系统

如图 A.5 所示，【Acquire】为信号获取系统的功能按键，信号获取系统的功能菜单如表 A.10 所示。

表 A.10　信号获取系统的功能菜单

选项	设定	说明
获取方式	采样	用于采集和精确显示多数波形
	峰值检测	用于检测毛刺并减少"假波现象"的可能性
	平均值	用于减少信号显示中的随机或不相关的噪声
	平均次数 （4、16、32、64、128、256）	选择平均次数
sinx/x	sinx/x	启用正弦/线性插值
采样方式	等效采样	设置采样方式为等效采样
	实时采样	设置采样方式为实时采样
采样率		显示系统采样率

10. 显示系统

如图 A.5 所示,【Display】为显示系统的功能按键,显示系统功能菜单如表 A.11 所示,显示系统功能菜单如图 A.16 所示。

表 A.11　显示系统功能菜单

选项	设定	说明
类型	矢量	采样点之间通过连线方式显示
	点	采样点间显示没有插值连线
持续	关闭 1s 2s 5s 无限	设定保持每个显示的取样点显示的时间长度
波形亮度	(波形亮度)	设置波形亮度
网格亮度	(网格亮度)	设置网格亮度
下一页	Page 1/3	按此按钮进入下一页菜单
格式	YT	YT 格式显示相对于时间(水平刻度)的垂直电压
	XY	XY 格式显示每次在通道 1 和通道 2 采样的点
屏幕	正常	屏幕为正常显示模式
	反相	屏幕为反相显示模式
网格	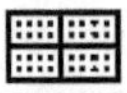 ▦	打开背景网格及坐标
	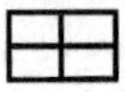 ⊞	关闭背景网格
	▢	关闭背景网格及坐标
菜单显示	2s 5s 10s 20s 无限	设置菜单显示保持的时间
下一页	Page 2/3	按此按钮进入显示第二页菜单
界面方案	经典 现代 传统 简洁	设置界面显示风格
下一页	Page3/3	按此按钮进入显示第一页菜单

操作说明:

(1) 按【Display】按钮,进入显示菜单。按【类型】选项按钮选择【矢量】或【点】。

(2) 按【持续】选项按钮,选择【关闭】、【1s】、【2s】、【5s】或【无限】。利用此选项可以观察一些特殊波形,如图 A.16 所示。

(3) 按【波形亮度】选项按钮,旋转万能旋钮可调节波形的显示亮度。

(4) 按【网格亮度】选项按钮,旋转万能旋钮可调节网格的显示亮度。

(5) 按【下一页】选项按钮,进入第二页显示菜单。按【格式】选项按钮选择【YT】或【XY】。

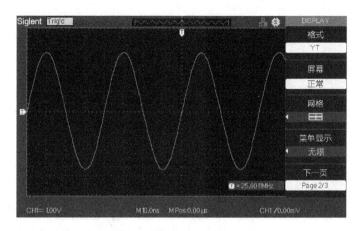

图 A.16　显示系统功能菜单

(6) 按【屏幕】选项按钮选择【正常】或【反相】,设置屏幕的颜色。

(7) 按【网格】选项按钮选择【▦】、【▤】或【▢】,设置屏幕是否显示网格。

(8) 按【菜单显示】选项按钮选择【2s】、【5s】、【10s】、【20s】、【无限】,设置菜单在显示屏上保持显示的时间长度。

(9) 按【界面方案】选项按钮或旋转万能旋钮来选择所喜欢的界面显示风格。

11. 测量系统

示波器将显示电压相对于时间的图形并帮助用户测量显示波形。有几种测量方法,可以使用刻度测量、光标测量或自动测量。

(1) 刻度测量

使用此方法能快速、直观地作出估计。例如,可以观察波形幅度,判定其是否略高于100mV。可通过计算相关的主次刻度分度并乘以比例系数来进行简单的测量。

例如,如果计算出波形的最大和最小之间有 5 个主垂直刻度分度,并且已知比例系数为100mV/分度,则可按照下列方法来计算峰-峰值电压:5 分度× 100mV/分度＝500mV。

(2) 光标测量

如图 A.5 所示,【Cursors】为光标测量的功能按键。光标测量有 3 种模式:手动方式、追踪方式、自动方式。

手动方式:水平或垂直光标成对出现用来测量电压或时间,可手动调整光标的间距。在使用光标前,需先将信号源设定为所要测量的波形。

追踪方式:水平与垂直光标交叉构成十字光标。十字光标自动定位在波形上,通过旋转万能旋钮来调节十字光标在波形上的水平位置。光标点的坐标会显示在示波器的屏幕上。

自动测量方式:在此方式下,系统会显示对应的光标以揭示测量的物理意义。系统会根据信号的变化,自动调整光标位置,并计算相应的参数值。

① 手动光标测量方式

手动光标测量方式是测量一对水平或垂直的坐标值及两光标间的增量。使用光标时,要确保将信源设置为显示屏上想要测量的波形。手动光标测量方式的功能菜单如表 A.12 所示。

表 A.12　手动光标测量功能菜单

选项	设置	说明
光标模式	手动	在此菜单下对手动光标测量进行设置
类型	电压	手动用光标测量电压参数
	时间	手动用光标测量时间参数
信源	CH1 CH2 Math REFA REFB	选择被测信号的输入通道
Cur A		选择此项，旋转万能旋钮可调节光标 A 的位置
Cur B		选择此项，旋转万能旋钮可调节光标 B 的位置

电压光标：电压光标在显示屏上以水平线出现，可测量垂直参数。

时间光标：时间光标在显示屏上以垂直线出现，可测量水平参数。

光标移动：使用万能旋钮来移动光标 A 和光标 B。只有选中光标对应的选项才能移动光标，且移动时光标值会出现在屏幕的左上角和左下角。

操作步骤如下：

● 按【Cursors】按钮进入光标功能菜单；

● 按【光标模式】选项按钮选择【手动】；

● 按【类型】选项按钮选择【电压】或【时间】；

● 根据信号输入通道，按【信源】选项按钮选择相应的 CH1/CH2，Math，REFA/ REFB；

● 选择【Cur A】，旋转万能旋钮调节光标 A 的位置；

● 选择【Cur B】，旋转万能旋钮调节光标 B 的位置；

● 其测量值显示在屏幕的左上角，例如手动测量峰-峰值如图 A.17 所示。

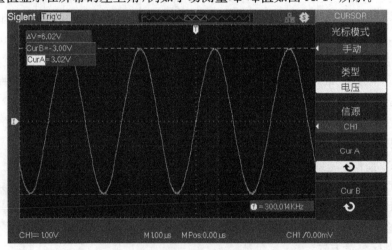

图 A.17　手动测量峰-峰值

② 光标追踪测量方式

光标追踪测量方式是在被测波形上显示十字光标，通过移动光标间的水平位置，光标自动在波形上定位，并显示当前定位点的水平、垂直坐标和两光标间水平、垂直的增量。水平坐标以时间值显示，垂直坐标以电压值显示。光标追踪功能菜单如表 A.13 所示，光标追踪测量如图 A.18 所示。

表 A.13 光标追踪功能菜单

选项	设置	说明
光标模式	追踪	在此菜单下对追踪光标测量进行设置
光标 A	CH1、CH2、无光标	设定光标 A 追踪测量信号的输入通道
光标 B	CH1、CH2、无光标	设定光标 B 追踪测量信号的输入通道
Cur A		选择此项，旋转万能旋钮调节光标 A 的水平坐标
Cur B		选择此项，旋转万能旋钮调节光标 B 的水平坐标

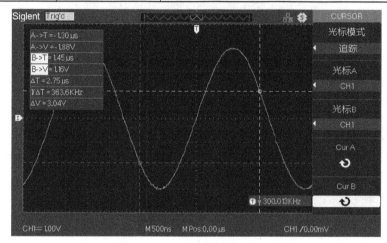

图 A.18　光标追踪测量

操作步骤如下：
● 按【Cursors】按钮进入光标测量功能菜单；
● 按【光标模式】选项按钮选择【追踪】；
● 按【光标 A】选项按钮，选择追踪信号的输入通道 CH1/CH2 任意通道；
● 按【光标 B】选项按钮，选择追踪信号的输入通道 CH1/CH2 任意通道；
● 选择【Cur A】，旋转【万能】旋钮水平移动光标 A；
● 选择【Cur B】，旋转【万能】旋钮水平移动光标 B。
其测量值显示在屏幕的左上角，表示含义如下：
A→T：光标 A 在水平方向上的位置（即时间，以水平中心位置为基准）。
A→V：光标 A 在垂直方向上的位置（即电压，以通道接地点为基准）。
B→T：光标 B 在水平方向上的位置（即时间，以水平中心位置为基准）。
B→V：光标 B 在垂直方向上的位置（即电压，以通道接地点为基准）。
ΔT：光标 A 和光标 B 的水平间距（即两光标间的时间值）。
ΔV：光标 A 和光标 B 的垂直间距（即两光标间的电压值）。
③ 光标自动测量方式
光标自动测量模式显示当前自动测量参数所应用的光标。若在自动测量菜单下未选择任何的自动测量参数，将没有光标显示。光标自动测量功能菜单见表 A.14，光标自动测量如图 A.19所示。

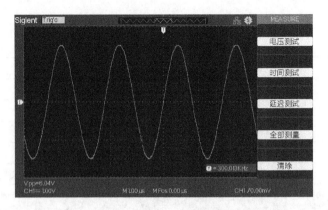

图 A.19 光标自动测量

表 A.14 光标自动测量功能菜单

选项	设置	说明
光标模式	自动测量	设定自动光标测量模式

操作步骤如下：

● 按【Cursors】按钮进入光标测量菜单；

● 按【光标模式】选项按钮选择【自动测量】；

● 按【Measure】按钮进入自动测量菜单，选择要测量的参数；

● 按下"添加"软键，测量参数值就会显示在屏幕底部。

（3）自动测量

如图 A.5 所示，【Measure】为自动测量的功能按键。

如果采用自动测量，示波器会为用户进行所有的计算。因为这种测量使用波形的记录点，所以比刻度或光标测量更精确。

自动测量有 3 种测量类型：电压测量、时间测量、延迟测量，共 32 种测量类型。一次最多可以显示 5 种，自动测量见图 A.20，自动测量功能菜单见表 A.15 至表 A.19。

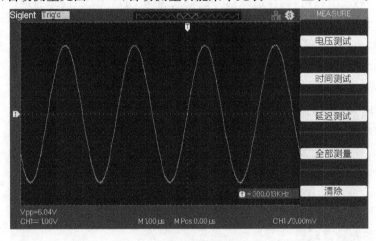

图 A.20 自动测量

表 A.15　自动测量功能菜单

选项	说明
电压测试	按此按钮进入电压测试菜单
时间测试	按此按钮进入时间测试菜单
延迟测试	按此按钮进入延迟测试菜单
全部测量	按此按钮进入全部测量菜单
返回	按此按钮进入自动测量的第一页菜单

表 A.16　自动测量之电压测试菜单

选项	设置	说明
信源	CH1、CH2	选择电压测试的信源
类型	最大值、最小值、峰-峰值、幅值、顶端值、底端值、周期平均值、平均值、周期均方根、均方根、上升过激、下降过激、上升前激、下降前激	按【类型】选项按钮或旋转万能旋钮,选择电压测试参数种类
添加		添加当前选择的测量参数,并将结果显示在屏幕下方
返回		返回自动测量菜单第一页

表 A.17　自动测量之时间测试菜单

选项	设置	说明
信源	CH1、CH2	选择时间测试信源
类型	上升时间、下降时间、频率、周期、脉宽、正脉宽、负脉宽、正占空比、负占空比	按【类型】选项按钮或旋转万能旋钮选择时间测试参数种类
添加		添加当前选择的测量参数,并将结果显示在屏幕下方
返回		返回自动测量第一页菜单

表 A.18　自动测量之延迟测试菜单

选项	设置	说明
信源	CH1 、CH2	选择任意信源作为延迟测试信源
类型	相位、FRR、FRF、FFR、FFF、LRR、LRF、LFR、LFF	按【类型】选项按钮或旋转万能旋钮,选择延迟测试参数种类
添加		添加当前选择的测量参数,并将结果显示在屏幕下方
返回		返回自动测量第一页菜单

表 A.19　全部测量功能菜单

选项	设置	说明
信源	CH1、CH2	选择输入信号通道
电压测试	开启/关闭	打开/关闭对电压类型参数进行全部测量功能
时间测试	开启/关闭	打开/关闭对时间类型参数进行全部测量功能
返回		返回到全部测量主菜单

若自动测量电压参数,操作如下:

① 按【Measure】按钮进入【自动测量】菜单;

② 按顶端第一个选项按钮,进入自动测量第二页菜单;

③ 选择测量分类类型,按下【电压】对应的选项按钮进入电压测量菜单;

④ 按【信源】选项按钮,根据信号输入通道选择对应的 CH1/ CH2 通道;

⑤ 按【类型】选项按钮或旋转万能旋钮选择要测量的电压参数类型,按下"添加"软键显示测量值,如图 A.21 所示;

⑥ 按【返回】选项按钮返回到自动测量的首页,所选的参数和相应的值会显示在首页的第一个选项位置。

同样方法可使所选参数和值显示在相应的位置,一次可显示 5 种参数。

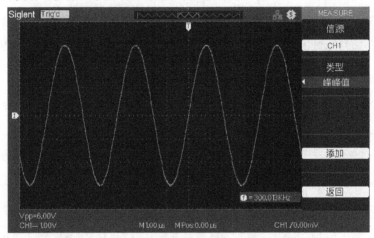

图 A.21　自动测量

若使用全部测量功能测量参数,操作如下:

① 按【Measure】按钮进入自动测量菜单;

② 按顶端第二个选项按钮,进入自动测量第二页菜单;

③ 按【全部测量】选项按钮进入全部测量菜单,如图 A.22 所示;

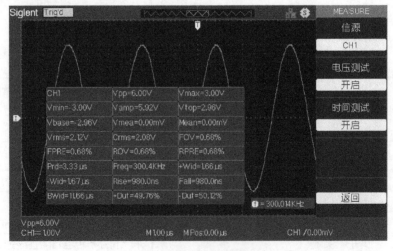

图 A.22　全部测量

④ 按【信源】选项按钮选择信号输入通道；

⑤ 按【时间测试】选项按钮选择【开启】，此时所有的时间参数值会同时显示在屏幕上。

12. 存储系统

如图 A.5 所示，【Save/Recall】为存储系统的功能按键。

SDS1000A 系列可存储 2 组参考波形、20 组设置、20 组波形到示波器内部存储器中。SDS1000A 系列示波器前面板提供 USB Host 接口，可以将配置数据、波形数据、LCD 显示的界面位图及 CSV 文件一次最大限度地存储到 U 盘中。配置数据、波形数据文件名后缀分别为 .SET 和 .DAV。其中，配置数据、波形数据可以重新调回到当前示波器和其他同型号示波器。图片数据不能在示波器中重新调回，但图片为通用 BMP 图片文档，可以通过计算机中的相关软件打开，CSV 文件可在计算机上通过 Excel 软件打开。

13. 辅助系统

如图 A.5 所示，【Utility】为辅助系统功能按键。辅助系统功能菜单见表 A.20 至表 A.23。

表 A.20　辅助系统功能菜单 1

选项	设定	说明
系统状态		显示示波器总体设置情况
声音	开启/关闭	打开或关闭示波器按键声音
频率计	开启/关闭	打开频率计功能
语言	简体中文 繁體中文 English ⋮	简体中文 繁体中文 英语 ⋮
下一页	Page 1/4	按此选项按钮进入第二页菜单

表 A.21　辅助系统功能菜单 2

选项	设定	说明
自校正		执行自校正操作，应用于通道校正
自测试	屏幕测试 键盘测试 点亮测试	运行屏幕测试程序 运行键盘测试程序 运行点亮测试程序
后 USB 口	USBTMC	示波器与计算机通过 USB 线相连，运行 EasyScopeX 软件实行远程控制

表 A.22　辅助系统功能菜单 3

选项	说明
升级固件	可通过 U 盘对软件升级，升级时间大约需要 2 分钟
通过测试	按此按钮进入 Pass/Fail 菜单
波形录制	按此按钮进入波形录制菜单
接口设置	IP 设置，GPIB 地址

表 A.23　辅助系统功能菜单 4

选项	设定	说明
屏幕保护	1 分钟 2 分钟 5 分钟 ⋮	设置屏幕保护时间
记录器		记录器功能仅在扫描（50ms 以上）时基下使用

14. 在线帮助功能

SDS1000A 系列数字示波器具有在线帮助功能，提供多种语言帮助信息，在使用过程中可根据需要随时调出帮助信息。

【Help】按钮为进入帮助状态的功能键，按下此旋钮便可进入帮助状态，按下各按钮便可调出相应的帮助信息。注意：由于【Single】键和【Run/Stop】键在帮助状态中具有翻页功能（帮助信息内容超过一页时，按【Single】键可查看下一页信息，按【Run/Stop】键可查看上一页帮助信息），若要查看这两个键的帮助信息，需在首次进入帮助状态时查看。

每个主菜单中的子菜单都有其相应的帮助信息，注意：若要查看子菜单中下一页选项的帮助信息，需先按【Help】按钮退出帮助状态然后切换到下一页菜单，再按【Help】按钮进入帮助状态后按选项按钮查看相应的帮助信息。

四、应用示例

下面主要介绍几个应用示例，这些简化示例重点说明了示波器的主要功能，用于解决实际的测试问题。

1. 简单测量

观测电路中一未知信号，迅速显示并测量信号的频率和峰-峰值。

使用自动设置，要快速显示该信号，可按如下步骤进行。

（1）按下【1】按钮，将探头选项衰减系数设定为 10X，并将探头上的开关设定为 10X。

（2）将通道 1 的探头连接到电路被测点。

（3）按下【Auto】按钮。

示波器将自动设置垂直、水平、触发控制。若要优化波形的显示，在此基础上手动调整上述控制，直至波形的显示符合要求为止。

注意：示波器根据检测到的信号类型在显示屏的波形区域中显示相应的自动测量结果。

进行自动测量，示波器可自动测量大多数显示信号。要测量信号的频率、峰-峰值按如下步骤进行，相应的图标和测量值会显示在屏幕下方。

（1）测量信号的频率

① 按下【Measure】按钮，显示自动测量菜单。

② 按下顶部的选项按钮。

③ 按下【时间测试】选项按钮，进入时间测量菜单。

④ 按下【信源】选项按钮选择信号输入通道。

⑤ 按下【类型】选项按钮选择【频率】。

⑥ 按下增加选项按钮。

（2）测量信号的峰-峰值

① 按下【Measure】按钮，显示自动测量菜单。

② 按下顶部的选项按钮。

③ 按下【电压测试】选项按钮，进入电压测量菜单。

④ 按下【信源】选项按钮选择信号输入通道。

⑤ 按下【类型】选项按钮选择【峰-峰值】。

⑥ 按下增加选项按钮。

注意：

（1）测量结果在屏幕上的显示会因为被测量信号的变化而改变。

（2）如果"值"读数中显示为【＊＊＊＊】，可尝试【Volts/DIV】旋钮旋转到适当的通道以增加灵敏度或改变【s/DIV】设定。

2. 光标测量

使用光标可快速对波形进行时间和电压测量。

（1）测量振荡频率

要测量某个信号上升沿的振荡频率，执行以下步骤，在显示屏的左上角将显示时间增量和频率增量（测量所得的振荡频率），如图 A.23 所示。

① 按下【Cursors】按钮，显示光标菜单。

② 按下【光标模式】按钮选择【手动】。

③ 按下【类型】选项按钮，选择【时间】。

④ 按下【信源】选项按钮，选择【CH1】。

⑤ 按下【CurA】选项按钮，旋转万能旋钮将光标 A 置于振荡的一个波峰处。

⑥ 按下【CurB】选项按钮，旋转万能旋钮将光标 B 置于振荡的相邻最近的波峰处。

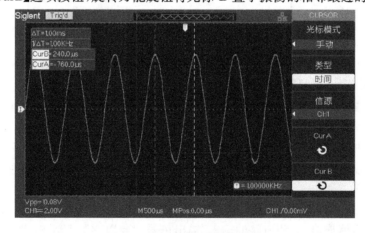

图 A.23　测量信号振荡频率

（2）测量振荡幅值

要测量振荡的幅值，执行以下步骤，此时显示屏的左上角显示的测量结果包括电压增量（振荡的峰-峰值）、光标 A 处的电压和光标 B 处的电压，如图 A.24 所示。

① 按下【Cursors】按钮，显示光标菜单。

② 按下【光标模式】选项按钮选择【手动】。

③ 按下【类型】选项按钮，选择【电压】。

④ 按下【信源】选项按钮,选择【CH1】。

⑤ 按下【CurA】选项按钮,旋转万能旋钮将光标 A 置于振荡的最高波峰处。

⑥ 按下【CurB】选项按钮,旋转万能旋钮将光标 B 置于振荡的最低点处。

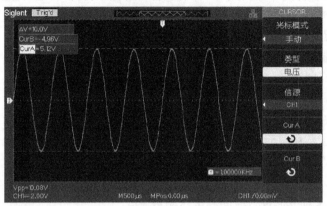

图 A.24　测量信号振荡幅值

3. 捕捉单次信号

若捕捉一个单次信号,首先需要对此信号有一定的先验知识,才能设置触发电平和触发沿。若对于信号的情况不确定,可以通过自动或正常的触发方式先行观察,以确定触发电平和触发沿,操作步骤如下。

(1) 设置探头和 CH1 通道的探头衰减系数为 10X。

(2) 按下【Trig Menu】按钮,显示触发菜单。

(3) 在此菜单下设置触发类型为【边沿触发】,边沿类型为【上升沿】,信源为【CH1】,触发方式为【单次】,耦合为【直流】。

(4) 调整水平时基和垂直挡位至合适的范围。

(5) 旋转【Level】旋钮,调整合适的触发电平。

(6) 按【Run/Stop】执行按钮,等待符合触发条件的信号出现。如果有某一信号达到设定的触发电平,即采集一次,显示在屏幕上。

利用此功能可以轻易捕捉到偶然发生的事件,例如幅度较大的突发性毛刺:将触发电平设置到刚刚高于正常信号电平,按【Run/Stop】按钮开始等待,则当毛刺发生时,机器自动触发并把触发前后一段时间的波形记录下来。通过旋转面板上水平控制区域的水平【Position】旋钮,改变触发位置的水平位置可以得到不同长度的负延迟触发,便于观察毛刺发生之前的波形。

4. XY 功能的应用

测试信号经过一电路网络产生的相位变化。

将示波器与电路连接,监测电路的输入/输出信号。要以 XY 显示格式查看电路的输入/输出,可执行以下步骤。

(1) 按下【CH1】按钮,将【探头】选项衰减设置为 10X。

(2) 按下【CH2】按钮,将【探头】选项衰减设置为 10X。

(3) 将探头上的开关设为 10X。

(4) 将通道 1 的探头连接至网络的输入,将通道 2 的探头连接至网络的输出。

(5) 按下【Auto】按钮。

(6) 旋转【Volts/DIV】旋钮,使两个通道上显示的信号幅值大致相同。

（7）按下【Display】按钮，在格式选项选择【XY】。示波器显示一个李萨育图，表示电路的输入和输出特性。

（8）旋转【Volts/DIV】和垂直【Position】旋钮以优化显示。

（9）按下【持续】选项按钮，选择【无限】。

（10）分别选择【网格亮度】和【波形亮度】通过旋转万能旋钮来调整显示屏的对比度。

（11）应用椭圆示波图形法观测并计算出相位差。

根据 $\sin\theta = A/B$ 或 C/D，其中 θ 为通道间的相差角，A、B、C、D 的定义如图 A.25 所示。因此可得出相位差即 $\theta = \pm\arcsin(A/B)$ 或 $\theta = \pm\arcsin(C/D)$。如果椭圆的主轴在 I、III 象限内，那么所求得的相位差应在 I、IV 象限内，即在（$0\sim\pi/2$）或（$3\pi/2\sim2\pi$）内。如果椭圆的主轴在 II、IV 象限内，那么所求得的相位差应在 II、III 象限内，即在（$\pi/2\sim\pi$）或（$\pi\sim3\pi/2$）内。另外，如果两个被测信号的频率具有整数倍或相位差在 $\pi/4$ 或 $\pi/2$ 时，根据图形可以推算出两信号之间的频率及相位关系。

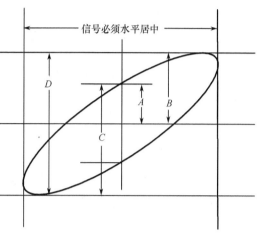

图 A.25 李萨育图

A.2 SDG1000 系列函数/任意波形发生器

SDG1000 系列高性能函数/任意波形发生器采用直接数字合成（DDS）技术，可生成精确、稳定、纯净、低失真的输出信号，还能提供高达 25MHz、具有快速上升沿和下降沿的方波。SDG1000 系列提供了便捷的操作界面、优越的技术指标及人性化的图形风格，可帮助用户更快地完成工作任务，大大地提高工作效率。其性能特点如下。

● DDS 技术，双通道输出，每通道输出波形最高可达 50MHz。

● 125MSa/s 采样率，每通道 14Bit 垂直分辨率，每通道可达 16Kpts 存储深度（通道 1 可选配 512Kpts 的存储深度）。

● 输出 5 种标准波形，内置 48 种任意波形，最小频率分辨率可达 $1\mu Hz$。

● 频率特性：

正弦波：　　　　$1\mu Hz \sim 50MHz$

方波：　　　　　$1\mu Hz \sim 25MHz$

锯齿波/三角波：$1\mu Hz \sim 300kHz$

脉冲波：　　　　$500\mu Hz \sim 5MHz$

白噪声：　　　　50MHz 带宽（$-3dB$）

任意波：　　　　$1\mu Hz \sim 5MHz$

● 内置高精度、宽频带频率计，频率范围：100mHz～200MHz，频率计的设置分为自动和手动两种方式。

● 丰富的调制功能：AM、DSB-AM、FM、PM、FSK、ASK、PWM，以及输出线性/对数扫描和脉冲串波形。

- 标准配置接口：USB Host，USB Device，支持 U 盘存储和软件升级，可选配 GPIB 接口。
- 支持远程命令控制，配置功能强大的任意波编辑软件，可输出用户编辑和画出的任意形状波形。
- 仪器内部提供 10 个非易失性存储空间以存储用户自定义的任意波形，通过上位机软件可编辑和存储更多任意波形。
- 任意波编辑软件提供 9 种标准波形：Sine，Square，Ramp，Pulse，ExpRise，ExpFall，Sinc，Noise 和 DC，可满足最基本的需求；同时还为用户提供了手动绘制、点点之间的连线绘制、任意点编辑的绘制方式，使创建复杂波形轻而易举；多文档界面的管理方式可使用户同时编辑多个波形文件。
- 直接获取示波器中存储的波形并无损地重现，可与 SDS1000 系列数字示波器无缝互连。
- 可选配高精度时钟基准（1ppm 和 10ppm）。
- 支持中英文菜单显示及中英文嵌入式帮助系统。
- 人性化设计，拥有专用接地端子。

一、SDG1000 系列前面板简介

SDG1000 系列采用 3.5 寸 TFT-LCD 显示，人性化界面布局，向用户提供了明晰、简洁的前面板，如图 A.26 所示。前面板包括：①电源键；②USB Host；③3.5 寸 TFT-LCD 显示屏；④通道切换；⑤波形选择键；⑥数字键盘；⑦旋钮；⑧方向键；⑨CH1 控制/输出端；⑩CH2 控制/输出端；⑪模式/功能键；⑫参数操作键。

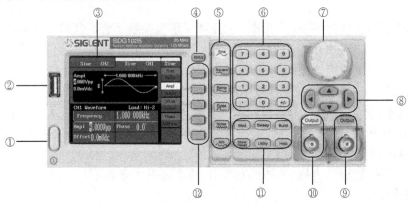

图 A.26　前面板

二、SDG1000 系列功能设置简介

SDG1000 系列函数/任意波形发生器功能设置主要包括波形选择设置、调制/扫频/脉冲串设置、通道输出控制、输入控制及存储/辅助系统功能设置/帮助设置。

1. SDG1000 系列波形选择设置

如图 A.26 中⑤所示，在操作界面左侧有一列波形选择按键，从上到下分别为正弦波、方波、锯齿波/三角波、脉冲串、白噪声和任意波。下面对其波形设置逐一进行介绍。

使用 $\boxed{\text{Sine}}$ 按键，波形图标变为正弦波，并在状态区右侧出现 Sine 字样。SDG1000 系列可

输出 1μHz 到 50MHz 的正弦波形。设置频率/周期、幅值/高电平、偏移量/低电平、相位,可以得到不同参数的正弦波。如图 A.27 所示为正弦波的默认设置。

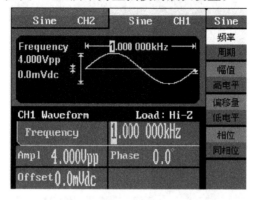

图 A.27　正弦波默认设置界面

使用 $\boxed{\text{Square}}$ 按键,波形图标变为方波,并在状态区右侧出现 Square 字样。SDG1000 系列可输出 1μHz 到 25MHz 并具有可变占空比的方波波形。设置频率/周期、幅值/高电平、偏移量/低电平、相位、占空比,可以得到不同参数的方波。如图 A.28 所示为方波的默认设置。

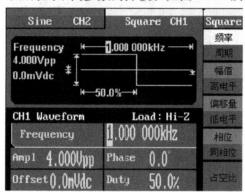

图 A.28　方波默认设置界面

使用 $\boxed{\text{Ramp}}$ 按键,波形图标变为锯齿波/三角波,并在状态区右侧出现 Ramp 字样。SDG1000 系列可输出 1μHz 到 300kHz 的锯齿波/三角波形。设置频率/周期、幅值/高电平、偏移量/低电平、相位、对称性,可以得到不同参数的锯齿波/三角波。如图 A.29 所示为锯齿波/三角波的参数设置。

使用 $\boxed{\text{Pulse}}$ 按键,波形图标变为脉冲波信号,并在状态区右侧出现 Pulse 字样。SDG1000 系列可输出 500μHz 到 10MHz 的脉冲波形。设置频率/周期、幅值/高电平、偏移量/低电平、脉宽/占空比、延时,可以得到不同参数的脉冲波。如图 A.30 所示为脉冲波的默认设置。

使用 $\boxed{\text{Noise}}$ 按键,波形图标变为噪声信号,并在状态区右侧出现 Noise 字样。SDG1000 系列可输出带宽为 50MHz 的噪声。设置幅值/高电平、偏移量/低电平,可以得到不同参数的噪声波。如图 A.31 所示为噪声波的默认设置。

使用 $\boxed{\text{Arb}}$ 按键,波形图标变为任意波信号,并在状态区右侧出现 Arb 字样。SDG1000 系列可输出 1μHz 到 5MHz、波形长度为 16Kpts 的任意波形。设置频率/周期、幅值/高电

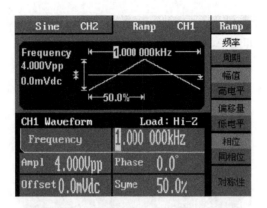

图 A.29　锯齿波/三角波参数设置界面

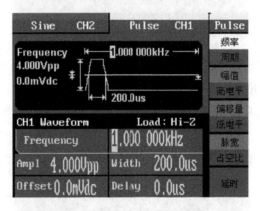

图 A.30　脉冲波默认设置界面

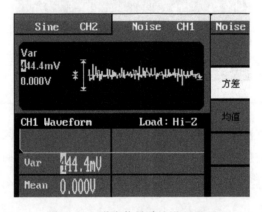

图 A.31　噪声信号默认设置界面

平、偏移量/低电平、相位，可以得到不同参数的任意波。如图 A.32 所示为任意波的默认设置。

2. SDG1000 系列调制/扫频/脉冲串设置

如图 A.26 中⑪所示，SDG1000 系列信号源发生器的前面板有 3 个按键，分别为调制、扫频、脉冲串设置功能按键。

使用 Mod 按键，可输出经过调制的波形。使用该按键并通过功能按键设置参数，通过改变调制类型、内调制/外调制、频率、波形和其他参数，来改变调制输出波形。

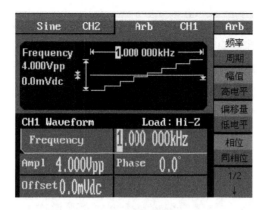

图 A.32　任意波默认设置界面

SDG1000 系列可使用 AM、AM-DSB、FM、PM、FSK、ASK 和 PWM 调制类型，可调制正弦波、方波、锯齿波/三角波和任意波。

SDG1000 系列信号源发生器的调制界面如图 A.33 所示。

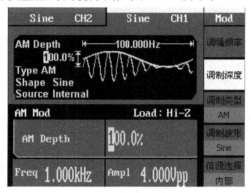

图 A.33　调制界面

使用 Sweep 按键，对正弦波、方波、锯齿波/三角波和任意波形产生扫描。在扫描模式中，SDG1000 系列在指定的扫描时间内扫描设置的频率范围。扫描时间可设定为 1ms～500s，触发方式可设置为手动、外部或内部。

SDG1000 系列函数/任意波形发生器的扫频界面如图 A.34 所示。

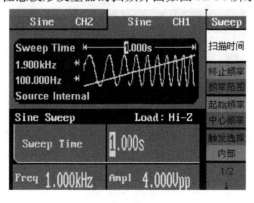

图 A.34　扫频界面

使用 Burst 按键,可以产生正弦波、方波、锯齿波/三角波、脉冲波和任意波形的脉冲串输出。可设定起止相位:0°～360°,内部周期:1μs～500s。

SDG1000 系列函数/任意波形发生器的脉冲串界面如图 A.35 所示。

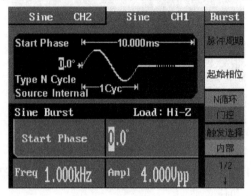

图 A.35 脉冲串界面

三、应用实例

1. 输出正弦波

输出一个频率为 50kHz、幅值为 $5V_{pp}$、偏移量为 1V DC 的正弦波。

操作步骤如下:

(1) 设置频率值:选择【Sine】→频率/周期→频率;使用数字键盘输入"50"→选择单位"kHz"→50kHz。

(2) 设置幅度值:选择【Sine】→幅值/高电平→幅值;使用数字键盘输入"5"→选择单位"Vpp"→5Vpp。

(3) 设置偏移量:选择【Sine】→偏移量/低电平→偏移量;使用数字键盘输入"1"→选择单位"Vdc"→1Vdc。

将频率、幅度和偏移量设定完毕后,选择当前所编辑的通道输出,便可输出设定的正弦波,如图 A.36 所示。

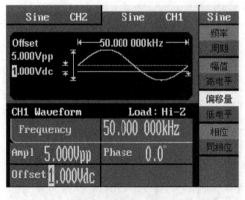

图 A.36 输出正弦波形

2. 输出方波波形

输出一个频率为 50kHz、幅值为 $5V_{pp}$、偏移量为 1V DC、占空比为 60% 的方波波形。

操作步骤如下：

（1）设置频率值：选择【Square】→频率/周期→频率；使用数字键盘输入"50"→选择单位"kHz"→50kHz。

（2）设置幅度值：选择【Square】→幅值/高电平→幅值；使用数字键盘输入"5"→选择单位"Vpp"→5Vpp。

（3）设置偏移量：选择【Square】→偏移量/低电平→偏移量；使用数字键盘输入"1"→选择单位"Vdc"→1Vdc。

（4）设置占空比：选择【Square】→占空比；使用数字键盘输入"60"→选择单位"％"→60％。

将频率、幅度、偏移量和占空比设定完毕后，选择当前所编辑的通道输出，便可输出设定的方波波形，如图 A.37 所示。

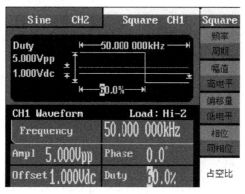

图 A.37　输出方波波形

3. 输出三角波/锯齿波形

输出一个周期为 20μs、幅值为 5V_{pp}、偏移量为 1V DC、对称性为 60％的三角波/锯齿波形。

操作步骤如下：

（1）设置周期值：选择【Ramp】→频率/周期→周期；使用数字键盘输入"20"→选择单位"μs"→20μs。

（2）设置幅度值：选择【Ramp】→幅值/高电平→幅值；使用数字键盘输入"5"→选择单位"Vpp"→5Vpp。

（3）设置偏移量：选择【Ramp】→偏移量/低电平→偏移量；使用数字键盘输入"1"→选择单位"Vdc"→1Vdc。

（4）设置占空比对称性：选择【Ramp】→对称性；使用数字键盘输入"60"→选择单位"％"→60％。

将周期、幅度、偏移量和对称性设定完毕后，选择当前所编辑的通道输出，便可输出设定的三角波/锯齿波形，如图 A.38 所示。

4. 输出脉冲波形

输出一个周期为 50kHz、高电平为 5V、低电平为 1V、脉宽为 10μs、延时为 20ns 的脉冲波形。

操作步骤如下：

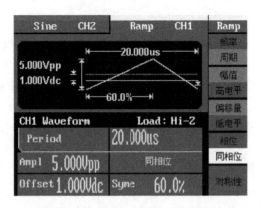

图 A.38　输出三角波/锯齿波形

（1）设置频率值：选择【Pulse】→频率/周期→频率；使用数字键盘输入"50"→选择单位"kHz"→50kHz。

（2）设置高电平：选择【Pulse】→幅值/高电平→高电平；使用数字键盘输入"5"→选择单位"V"→5V。

（3）设置低电平：选择【Pulse】→偏移量/低电平→低电平；使用数字键盘输入"1"→选择单位"V"→1V。

（4）设置脉宽：选择【Pulse】→脉宽/占空比→脉宽；使用数字键盘输入"10"→选择单位"μs"→10μs。

（5）设置延时时间：选择【Pulse】→延时；使用数字键盘输入"20"→选择单位"ns"→20ns。

将频率、高电平、低电平、脉宽和延时时间设定完毕后，选择当前所编辑的通道输出，便可输出设定的脉冲波形，如图 A.39 所示。

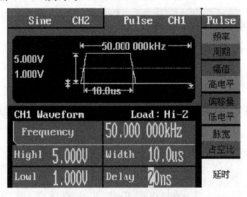

图 A.39　输出脉冲波形

5. 输出噪声波形

输出一个标准差为 $1V_{pp}$，均值为 150mV 的噪声波形。

操作步骤如下：

（1）设置方差：选择【Noise】→标准差；使用数字键盘输入"1"→选择单位"V"→1V。

（2）设置均值：选择【Noise】→均值；使用数字键盘输入"150"→选择单位"mV"→150mV。

将标准差和均值设定完毕后，选择当前所编辑的通道输出，便可输出设定的噪声波形，如图 A.40 所示。

6. 输出存储的任意波形

输出一个频率为 5MHz、幅值为 2Vrms、偏移量为 1V DC 的 Sinc 波形。

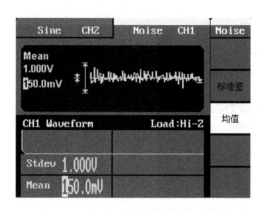

图 A.40 输出噪声波形

操作步骤如下：

（1）内置任意波形的选择：选择【Arb】→（第二页）装载波形→内建波形→数学，在数学函数库中选择 Sinc 波形。

（2）设置频率值：选择频率/周期→频率；使用数字键盘输入"5"→选择单位"MHz"→5MHz。

（3）设置幅值：选择幅值/高电平→幅值；使用数字键盘输入"2"→选择单位"Vrms"→2Vrms。

（4）设置偏移量：选择偏移量/低电平→偏移量；使用数字键盘输入"1"→选择单位"Vdc"→1Vdc。

将频率、幅值和偏移量设定完毕后，选择当前所编辑的通道输出，便可输出设定的任意波形，如图 A.41 所示。

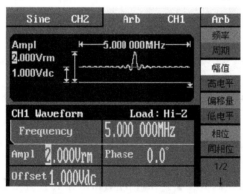

图 A.41 输出存储的任意波形

7. 输出线性扫描波形

输出一个从 2kHz 到 10kHz 的扫频正弦波，采用内部扫描触发方式，线性扫频时间为 2s。

操作步骤如下：

（1）设置频率值：选择【Sine】→频率/周期→频率；使用数字键盘输入"6"→选择单位"kHz"→6kHz。

（2）设置幅度值：选择【Sine】→幅值/高电平→幅值；使用数字键盘输入"5"→选择单位"Vpp"→5Vpp。

（3）设置偏移量：选择【Sine】→偏移量/低电平→偏移量；使用数字键盘输入"0"→选择单

位"Vdc"→0Vdc。

（4）设置扫描时间：选择【Sweep】→扫描时间；使用数字键盘输入"2"→选择单位"s"→2s。

（5）设置终止频率：选择【Sweep】→终止频率/频率范围→终止频率；使用数字键盘输入"10"→选择单位"kHz"→10kHz。

（6）设置起始频率：选择【Sweep】→起始频率/终止频率→起始频率；使用数字键盘输入"2"→选择单位"kHz"→2kHz。

（7）设置线性扫描方式：选择【Sweep】→（第二页）线性扫描/对数扫描→线性扫描。

将扫描函数的参数和扫描模式设定完毕后，选择当前所编辑的通道输出，便可输出设定的扫描波形，如图 A.42 所示。

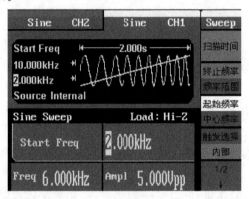

图 A.42　输出线性扫描波形

8. 输出脉冲串波形

使用内部脉冲源和 0 度的起始相位，输出一个循环数位 5、脉冲串周期为 3ms 和延迟时间为 $500\mu s$ 的脉冲串波形。

操作步骤如下：

（1）设置频率值：选择【Sine】→频率/周期→频率；使用数字键盘输入"5"→选择单位"kHz"→5kHz。

（2）设置幅度值：选择【Sine】→幅值/高电平→幅值；使用数字键盘输入"5"→选择单位"Vpp"→5Vpp。

（3）设置偏移量：选择【Sine】→偏移量/低电平→偏移量；使用数字键盘输入"0"→选择单位"Vdc"→0Vdc。

（4）设置扫描时间：选择【Burst】→脉冲周期；使用数字键盘输入"3"→选择单位"ms"→3ms。

（5）设置起始相位：选择【Burst】→起始相位；使用数字键盘输入"0"→选择单位"°"→0°。

（6）设置脉冲串计数器：选择【Burst】（2/2）→循环数/无限→循环数；使用数字键盘输入"5"→选择单位"Cycle"→5Cycle。

（7）设置线脉冲串延迟时间：选择【Burst】（2/2）→延迟；使用数字键盘输入"500"→选择单位"μs"→$500\mu s$。

将方波参数和脉冲串模式及相应参数设定完毕后，选择当前所编辑的通道输出，便可输出设定的脉冲串输出波形，如图 A.43 所示。

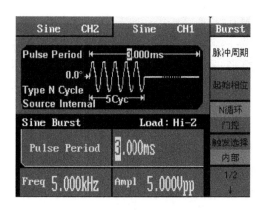

图 A.43　输出脉冲串波形

9. 输出 AM 调制波形

输出一个载波频率为 10kHz、幅值为 $5V_{p-p}$，调制波频率为 200Hz 的 AM 波形，调制深度为 80%。载波和调制波波形均为 Sine。

操作步骤如下：

(1) 设置载波的参数(正弦波)：选择【Sine】→频率/周期→频率；使用数字键盘输入"10"→选择单位"kHz"→10kHz。

选择【Sine】→幅值/高电平→幅值；使用数字键盘输入"5"→选择单位"Vpp"→5Vpp。

选择【Sine】→偏移/低电平→偏移；使用数字键盘输入"0"→选择单位"Vdc"→0Vdc。

(2) 选择调制方式并设置调制参数：选择【Mod】→类型→AM。

选择【Mod】→调幅频率；使用数字键盘输入"200"→选择单位"Hz"→200Hz。

选择【Mod】→调制深度；使用数字键盘输入"80"→选择单位"%"→80%。

选择【Mod】→调制波形→Sine。

将载波和调制波设定完毕后，选择当前所编辑的通道输出，便可输出设定的 AM 波形，如图 A.44 所示。

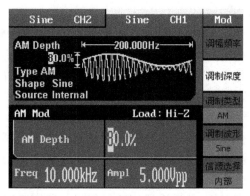

图 A.44　输出 AM 调制波形

10. 输出 DSB-AM 调制波形

输出一个载波频率为 1MHz，幅度为 $4V_{p-p}$，调幅频率为 1kHz 的 DSB-AM 波形，载波和调制波均为 Sine。

操作步骤如下：

（1）设置载波参数（正弦）

选择【Sine】→频率/周期→频率；使用数字键盘输入"1"→选择单位"MHz"→1MHz。

选择【Sine】→幅值/高电平→幅值；使用数字键盘输入"4"→选择单位"Vpp"→4Vpp。

选择【Sine】→偏移/低电平→偏移；使用数字键盘输入"0"→选择单位"Vdc"→0Vdc。

（2）选择调制方式并设置调制参数

选择【Mod】→类型→DSB-AM。

选择【Mod】→调幅频率；使用数字键盘输入"1"→选择单位"kHz"→1kHz。

选择【Mod】→调制波形→Sine。

将载波和调制波设定完毕后，然后选择当前所编辑的通道输出，便可输出设定的 FM 波形，如图 A.45 所示。

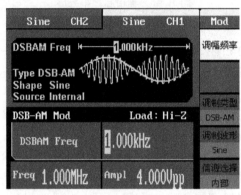

图 A.45　输出 DSB—AM 调制波

11. 输出 FM 调制波形

输出一个载波频率为 10kHz、幅值为 $5V_{pp}$，调制波频率 1Hz 的 FM 波形，频偏为 2kHz。载波和调制波波形均为 Sine。

操作步骤如下：

（1）设置载波的参数（正弦波）

选择【Sine】→频率/周期→频率；使用数字键盘输入"10"→选择单位"kHz"→10kHz。

选择【Sine】→幅值/高电平→幅值；使用数字键盘输入"5"→选择单位"Vpp"→5Vpp。

选择【Sine】→偏移/低电平→偏移；使用数字键盘输入"0"→选择单位"Vdc"→0Vdc。

（2）选择调制方式并设置调制参数

选择【Mod】→类型→FM。

选择【Mod】→调制频率；使用数字键盘输入"1"→选择单位"Hz"→1Hz。

选择【Mod】→频率偏移；使用数字键盘输入"2"→选择单位"kHz"→2kHz。

选择【Mod】→调制波形→Sine。

将载波和调制波设定完毕后，然后选择当前所编辑的通道输出，便可输出设定的 FM 波形，如图 A.46 所示。

12. 输出 PM 调制波形

输出一个载波频率为 10kHz、幅值为 $5V_{pp}$ 的 PM 波形，调相频率为 2kHz，相位偏差为 90°，载波和调制波波形均为 Sine。

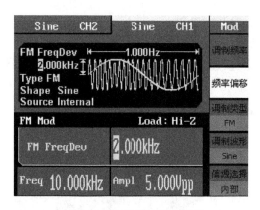

图 A.46 输出 FM 调制波形

操作步骤如下：

（1）设置载波的参数（正弦波）

选择【Sine】→频率/周期→频率；使用数字键盘输入"10"→选择单位"kHz"→10kHz。

选择【Sine】→幅值/高电平→幅值；使用数字键盘输入"5"→选择单位"Vpp"→5Vpp。

选择【Sine】→偏移/低电平→偏移；使用数字键盘输入"0"→选择单位"Vdc"→0Vdc。

（2）选择调制方式并设置调制参数

选择【Mod】→类型→PM。

选择【Mod】→调相频率；使用数字键盘输入"2"→选择单位"kHz"→2kHz。

选择【Mod】→相位偏差；使用数字键盘输入"90"→选择单位"°"→90°。

选择【Mod】→调制波形→Sine。

将载波和调制波设定完毕后，选择当前所编辑的通道输出，便可输出设定的 PM 波形，如图 A.47 所示。

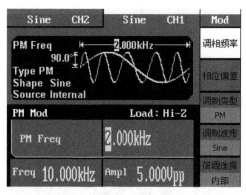

图 A.47 输出 PM 调制波形

13. 输出 FSK 调制波形

输出一个载波频率为 10kHz，跳频频率为 200Hz，键控频率为 100Hz 的 FSK 波形。

操作步骤如下：

（1）设置载波的参数（正弦波）

选择【Sine】→频率/周期→频率；使用数字键盘输入"10"→选择单位"kHz"→10kHz。

选择【Sine】→幅值/高电平→幅值；使用数字键盘输入"5"→选择单位"Vpp"→5Vpp。

选择【Sine】→偏移/低电平→偏移；使用数字键盘输入"0"→选择单位"Vdc"→0Vdc。

（2）选择调制方式并设置调制参数

选择【Mod】→类型→FSK。

选择【Mod】→键控频率；使用数字键盘输入"100"→选择单位"Hz"→100Hz。

选择【Mod】→跳频；使用数字键盘输入"200"→选择单位"Hz"→200Hz。

将载波和调制波设定完毕后，然后选择当前所编辑的通道输出，便可输出设定的 FSK 波形，如图 A.48 所示。

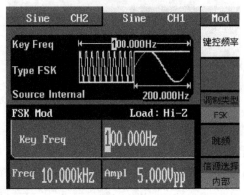

图 A.48　输出 FSK 调制波形

14．输出 ASK 调制波形

输出一个载波频率为 1MHz，键控频率为 1kHz 的 ASK 波形。

操作步骤如下：

（1）选择 ASK 调制方式：选择【Mod】→ASK。

（2）设置 ASK 的键控频率：选择【Mod】→键控频率；使用键盘输入"1"→选择单位"kHz"→1kHz。

（3）设置 ASK 的载波频率：选择【Mod】→载波频率；使用键盘输入"1"→选择单位"MHz"→1MHz。

将载波和调制波设定完毕后，选择当前所编辑的通道输出，便可输出设定的 ASK 波形，如图 A.49 所示。

图 A.49　输出 ASK 调制波形

15．输出 PWM 调制波形

输出一个载波 1kHz，调制频率为 1Hz 的 PWM 波形。

操作步骤如下：

（1）设置载波的参数（脉冲）

选择【Pulse】→频率/周期→频率；使用数字键盘输入"1"→选择单位"kHz"→1kHz。

选择【Pulse】→幅值/高电平→幅值；使用数字键盘输入"4"→选择单位"Vpp"→4Vpp。

选择【Pulse】→偏移/低电平→偏移；使用数字键盘输入"0"→选择单位"Vdc"→0Vdc。

选择【Pulse】→脉宽；使用数字键盘输入"200"→选择单位"μs"→200μs。

（2）选择调制方式并设置调制参数

选择【Mod】→类型→PWM。

选择【Mod】→调制频率；使用数字键盘输入"1"→选择单位"Hz"→1Hz。

选择【Mod】→宽度偏差；使用数字键盘输入"100"→选择单位"μs"→100μs。

选择【Mod】→调制波形→Sine。

将载波和调制参数设置后，选择当前编辑的通道输出，便可输出设置的 PWM 波形，如图 A.50所示。

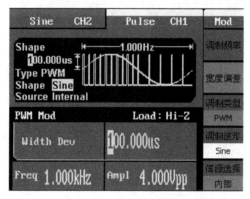

图 A.50　输出 PWM 调制波形

A.3　双通道交流毫伏表 EM2172

EM2172 型毫伏表是一种高性能指针式双通道交流毫伏表。该表采用了高性能电子线路及高可靠性电子元器件，保证了测试的宽量程和高灵敏度，并具有良好的线性和频率特性；采用了先进的光电隔离及磁屏蔽隔离技术，保证了测试的高稳定性。双通道可同时控制或分别控制，可以同时测量实验电路中两个不同点的电压。

一、技术条件

（1）电压测量范围：300μV～100V。

（2）测量挡位

测量范围分 12 挡：0.3mV,1mV,3mV,10mV,100mV,300mV,1V,3V,10V,30V,100V。

dB 范围分 12 挡：−70,−60,−50,−40,−30,−20,−10,0,+10,+20,+30,+40。

（3）测量精度：±3％满量程（1kHz 或 400Hz）。

（4）频响特性：10Hz～1MHz,±10％；10Hz～500kHz,±5％；20Hz～200kHz,±3％。

（5）输入阻抗

输入电阻：1MΩ。

输入电容：小于 50pF。

（6）最大输入电压：AC Peak ＋ DC ＝ 600V。

（7）噪声：2%满量程。

二、仪器面板图

EM2172 的面板如图 A.51 所示。

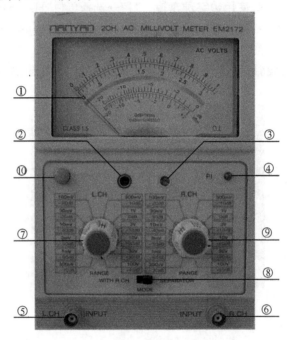

图 A.51　EM2172 面板图

三、表头和面板控制键说明

① 表头：为一双指针表头，黑指针对应 L. CH 输入，红指针对应 R. CH 输入。

②，③ 机械调零位置：在电源开关关断的情况下，用起子调整使指针指零。

④ 电源指示灯。

⑤，⑥ 左右通道被测电压输入插座。

⑦，⑨ 左右通道量程开关：12 个挡位。

⑧ WITH R. CH/SEPARATOR 开关，用于选择毫伏表功能。

● 开关置于 WITH R. CH 位置，此时电压量程由 R. CH 选择，使用相同的电压量程控制两个通道的输入测量。

● 开关置于 SEPARATOR 位置，用 L. CH 选择左通道输入量程，R. CH 选择右通道输入量程。

⑩ 电源开关。

四、电压测量

（1）左、右通道量程开关应设置在使指针指示在大于30％满度且小于满度的范围，这样有较高的测试精度。

（2）黑指针对应 L. CH INPUT 和 RANGE L. CH，红指针对应 R. CH INPUT 和 RANGE R. CH。

（3）读数时应结合表盘刻度和量程读出。

（4）单通道操作时，应将 MODE 置于 SEPARATOR，使用 R. CH 调节量程，L. CH 量程开关应置于最高挡位 100V。

五、读数方法

在读取数值时，读取第一或第二条刻度线，凡是挡位有"1"，读第一条刻度线。例如，使用10V 或 0.1V 挡时读取第一条刻度线。凡是挡位有"3"，读第二条刻度线。例如，使用 30V 或 0.3V 挡时读取第二条刻度线。读数时，如果指针偏转角度太小，可逆时针旋转量程旋钮，使指针偏转角度变大，重新读数。

六、操作注意事项

（1）输入电压极限值：该仪器的最大输入电压是 AC Peak＋DC＝600V，不要接入高于此值的电压，否则电路部件可能损坏。

（2）当使用输入线路测试时，约 50pF 的电容将跨接到实验电路，这会影响测试数据，尤其在高频时比较明显。使用较短的测试线可以减小这个电容的电容值。

（3）为了稳定工作，供电电压波动应保持在标称值的±10％以内。

（4）在交流电源接通而 EM2172 暂时不使用时，应置量程开关在高挡位，这将避免噪声检拾并保护的表头。

（5）电压和分贝指示是基于正弦波的平均值，任何正弦波失真都将引入误差。

附录 B　电路元器件的特性和规格

电子电路由无源元件和有源器件组成。无源元件包括电阻器、电容器和电感器,它们只能消耗或存储能量,而不能提供能量。有源器件包括电子管、晶体管和集成电路等,它们能将独立源的能量转换成电路中其他元器件所需要的能量,简言之,它们能提供能量。为了能合理地选择和使用元器件,必须对它们的性能和规格有一个完整的了解。

B.1　电　阻　器

一、电阻器及电位器的命名方法

在选择电阻器时,要查阅手册,寻找符合要求的型号。电阻器的型号由一组字母和数字排列而成,一般分为 7 个部分,前 3 部分所表示的具体意义见表 B.1,第 4～7 部分分别用字母或数字表示序号、额定功率、标称阻值和允许误差等级。

表 B.1　电阻器型号前 3 部分表示的意义

第一部分		第二部分		第三部分	
名称		材料		分类	
符号	意义	符号	意义	符号	意义
R	电阻器	T	碳膜	1	普通
W	电位器	P	硼碳膜	2	普通
		U	硅碳膜	3	超高频
		H	合成膜	4	高阻
		I	玻璃釉膜	5	高温
		J	金属膜	6	精密
		Y	氧化膜	7	精密
		S	有机实芯	8	高压
		N	无机实芯	9	特殊
		X	线绕	G	高功率
		R	热敏	T	可调
		G	光敏	X	小型
		M	压敏	L	测量用
				W	微调
				D	多圈

示例:

(1) 精密金属膜电阻器

R J 7 3
- 第四部分: 序号
- 第三部分: 类别 (精密)
- 第二部分: 材料 (金属膜)
- 第一部分: 主称 (电阻器)

（2）多圈线绕电位器

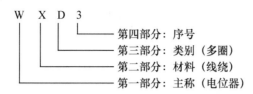

二、电阻器的主要技术指标

1. 额定功率

电阻器在电路中长时间连续工作不损坏，或不显著改变其性能所允许消耗的最大功率称为电阻器的额定功率。电阻器的额定功率并不是电阻器在电路中工作时一定要消耗的功率，而是电阻器在电路工作中所允许消耗的最大功率。不同类型的电阻器具有不同系列的额定功率，见表 B.2。

表 B.2　电阻器的功率等级

名　　称	额定功率（W）					
实芯电阻器	0.25	0.5	1	2	5	—
线绕电阻器	0.5	1	2	6	10	15
	25	35	50	75	100	150
薄膜电阻器	0.025	0.05	0.125	0.25	0.5	1
	2	5	10	25	50	100

2. 标称阻值

阻值是电阻器的主要参数之一。不同类型的电阻器，其阻值范围不同；不同精度的电阻器，其阻值系列也不同。电阻器的标称值是指标准化了的电阻器的电阻值。标称值组成的系列称为标称系列。根据国家标准，常用的标称电阻值系列见表 B.3。E24、E12 和 E6 系列也适用于电位器和电容器。

表 B.3　标称值系列

标称值系列	精度	电阻器、电位器、电容器标称值							
E24	±5%	1.0	1.1	1.2	1.3	1.5	1.6	1.8	2.0
		2.2	2.4	2.7	3.0	3.3	3.6	3.9	4.3
		4.7	5.1	5.6	6.2	6.8	7.5	8.2	9.1
E12	±10%	1.0	1.2	1.5	1.8	2.2	2.7	—	—
		3.3	3.9	4.7	5.6	6.8	8.2	—	—
E6	±20%	1.0	1.5	2.2	3.3	4.7	6.8	8.2	—

注：表中数值需乘以 10^n，其中 n 为正整数或负整数。

从表 B.3 可以看出，标称值系列中大部分不是整数。之所以这样规定，是为了保证在同一系列中相邻两个数中较小数的正偏差与较大数的负偏差彼此衔接或有重叠，从而任意阻值的电阻都可以从系列中找到。例如，在 E24 系列中，6.2 的正偏差是 $6.2 \times (1+5\%) = 6.51$，6.8 的负偏差是 $6.8 \times (1-5\%) = 6.46$，在 6.46～6.51 之间有一段重叠。若需要 649Ω 的电阻，就可以在标称值为 6.2×10^2Ω 和 6.8×10^2Ω 的电阻中挑选。

3. 允许误差等级

表 B.4　电阻的允许误差等级

允许误差(%)	±0.001	±0.002	±0.005	±0.01	±0.02	±0.05	±0.1
等级符号	E	X	Y	H	U	W	B
允许误差(%)	±0.2	±0.5	±1	±2	±5	±10	±20
等级符号	C	D	F	G	J(Ⅰ)	K(Ⅱ)	M(Ⅲ)

三、电阻器的标志内容及方法

1. 文字符号直标法

用阿拉伯数字和文字符号两者有规律的组合来表示标称阻值、额定功率、允许误差等级等。符号前面的数字表示整数阻值,后面的数字依次表示第一位小数阻值和第二位小数阻值,其文字符号所表示的单位见表 B.5。如 1R5 表示 1.5Ω,2K7 表示 $2.7k\Omega$。

表 B.5　直标法文字符号所表示的单位

文字符号	R	K	M	G	T
表示单位	欧姆(Ω)	千欧姆($10^3\Omega$)	兆欧姆($10^6\Omega$)	千兆欧姆($10^9\Omega$)	兆兆欧姆($10^{12}\Omega$)

例如:

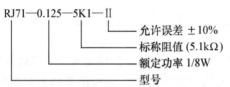

由标号可知,它是精密金属膜电阻器,额定功率为 1/8W,标称阻值为 $5.1k\Omega$,允许误差为 $\pm10\%$。

2. 色标法

色标法是将电阻器的类别及主要技术参数的数值用颜色(色环或色点)标注在它的外表面上。色标电阻(色环电阻)器可分为三环、四环、五环 3 种标法。其含义见表 B.6、表 B.7。

表 B.6　两位有效数字阻值的色环表示法

颜　色	第一位有效值	第二位有效值	倍　率	允许误差
黑	0	0	10^0	
棕	1	1	10^1	
红	2	2	10^2	
橙	3	3	10^3	
黄	4	4	10^4	
绿	5	5	10^5	
蓝	6	6	10^6	
紫	7	7	10^7	

颜 色	第一位有效值	第二位有效值	倍 率	允许偏差
灰	8	8	10^8	
白	9	9	10^9	$-20\% \sim +50\%$
金			10^{-1}	$\pm 5\%$
银			10^{-2}	$\pm 10\%$
无色				$\pm 20\%$

图例:

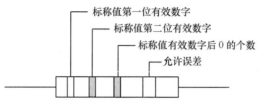

表 B.7 3 位有效数字阻值的色环表示法

颜色	第一位有效值	第二位有效值	第三位有效值	倍 率	允许误差
黑	0	0	0	10^0	
棕	1	1	1	10^1	$\pm 1\%$
红	2	2	2	10^2	$\pm 2\%$
橙	3	3	3	10^3	
黄	4	4	4	10^4	
绿	5	5	5	10^5	$\pm 0.5\%$
蓝	6	6	6	10^6	± 0.25
紫	7	7	7	10^7	$\pm 0.1\%$
灰	8	8	8	10^8	
白	9	9	9	10^9	
金				10^{-1}	
银				10^{-2}	

图例:

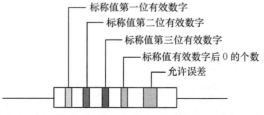

三色环电阻器的色环表示标称电阻值(允许误差均为 20%)。例如,色环为棕黑红,表示

$10 \times 10^2 = 1.0 \text{k}\Omega \pm 20\%$ 的电阻器。

四色环电阻器的色环表示标称值（两位有效数字）及精度。例如，色环为白棕红金，表示 $91 \times 10^2 = 9.1 \text{k}\Omega \pm 5\%$ 的电阻器。

五色环电阻器的色环表示标称值（3 位有效数字）及精度。例如，色环为黄紫黑棕棕，表示 $470 \times 10^1 = 4.7 \text{k}\Omega \pm 1\%$ 的电阻器。

一般四色环电阻器表示允许误差的色环的特点是该环离其他环的距离较远。较标准的表示应是表示允许误差的色环的宽度是其他色环的 1.5～2 倍。

有些色环电阻器由于厂家生产不规范，无法用上面的特征判断，这时只能借助万用表判断。

四、电位器的主要技术指标

1. 额定功率

电位器的两个固定端上允许耗散的最大功率为电位器的额定功率。使用中，应注意额定功率不等于中心抽头与固定端的功率。

2. 标称阻值

标在产品上的阻值，其系列与电阻的系列类似。

3. 允许误差等级

实测阻值与标称阻值误差范围根据不同精度等级可允许 $\pm 20\%$、$\pm 10\%$、$\pm 5\%$、$\pm 2\%$、$\pm 1\%$ 的误差。精密电位器的精度可达 $\pm 0.1\%$。

4. 阻值变化规律

电位器的阻值变化规律指阻值随滑动片触点旋转角度（或滑动行程）之间的变化关系，这种变化关系可以是任何函数形式，常用的有直线式、对数式和反转对数式（指数式）。

在使用中，直线式电位器适合于做分压器；反转对数式（指数式）电位器适合于做收音机、录音机、电唱机、电视机中的音量控制器。维修时若找不到同类产品，可用直线式代替，但不宜用对数式代替。对数式电位器只适合于做音调控制等。

五、电位器的一般标识方法

例如：

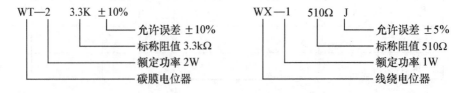

B.2　电　容　器

一、电容器的型号命名方法

电容器型号的命名方法与电阻器类似，也是由一组字母和数字排列而成的，前 3 部分表示的具体意义见表 B.8，第三部分数字代表的意义见表 B.9，第 4～7 部分分别表示电容器的序号、耐压、标称容量和允许误差等级。

第一部分		第二部分		第三部分	
名称		材料		分类	
符号	意义	符号	意义	符号	意义
C	电容	C	高频瓷	1~9 的数字	见表 B.9
		T	低频瓷	T	铁电
		I	玻璃釉	W	微调
		O	玻璃膜	J	金属化
		Y	云母	X	小型
		V	云母纸	S	独石
		Z	纸介	D	低压
		J	金属化纸	M	密封
		B	聚苯乙烯等非有机薄膜	Y	高压
		L	涤纶等极性有机薄膜	C	穿心式
		Q	漆膜	G	高功率
		H	纸膜复合		
		D	铝电解		
		A	钽电解		
		G	金属电解		
		N	铌电解		
		E	其他材料电解		

表 B.9　电容器第三部分数字代表的意义

种　类	1	2	3	4	5	6	8	9
瓷片电容	圆片	管形	叠片	独石	穿心	支柱	高压	
云母电容	非密封	非密封	密封	密封			高压	
有机电容	非密封	非密封	密封	密封	穿心	高压	特殊	
电解电容	箔式	箔式	烧结粉液体	烧结粉固体		无极性		特殊

示例：

（1）铝电解电容器

（2）圆片形瓷介电容器

（3）纸介金属膜电容器

二、电容器的分类

电容器的种类很多。按其容量是否可以调节，分为固定电容器、可变电容器和半可变电容器；按介质材料的不同，可分为纸介电容器、金属化纸介电容器、薄膜电容器、云母电容器、瓷介电容器、电解电容器等。电解电容器又可分为铝电解、钽电解、金属电解等。

一般来说，电解电容器的电容量较大，有极性（这一点在使用时应特别注意）；纸介和金属化纸介电容器次之；其他形式的电容器的电容量都较小，无极性。

三、电容器的主要技术指标

1. 耐压

电容器的耐压是指最大工作直流电压，耐压系列为 6.3,10,16,25,32*,40,50*,63,100,125,160,250,300*,400,450,500,630,…,带"*"者只限电解电容器使用。

2. 准确度和标称值

电容器的准确度用实际电容量与标称电容量之间的偏差的百分数来表示。电容器的允许误差一般分为 7 个等级，每个等级对应的允许误差见表 B.10。

表 B.10 电容器的允许误差等级

级别	02	Ⅰ	Ⅱ	Ⅲ	Ⅳ	Ⅴ	Ⅵ
允许误差	±2%	±5%	±10%	±20%	+20%	+50%	+100%
					−30%	−20%	−10%

常用固定式电容器的标称容量系列见表 B.11。标称电容量为表中所列数值之一或表中数值再乘以 10 的整数次幂。

表 B.11 电容量标称系列

名　称	允许误差	容量范围	标称容量系列
纸介电容 金属化纸介电容 纸膜复合介质电容 低频(有极性)有 机薄膜介质电容	±5% ±5% ±10% ±20%	100pF～1μF 1～100μF	1.0　1.5　2.2 2.3　4.7　6.8 1　2　4　8 10　15　20　30 50　60　80　100
高频(无极性)有 机薄膜介质电容 瓷片电容 玻璃釉电容 云母电容	±5% ±10% ±20% ±20%以上		E24 E12 E6 E6
铝电解电容 钽电解电容 铌电解电容 钛电解电容	±10% ±20% +50%～−20% +100%～−10%		1,1.5,2.2,3.3, 4.7,6.8 (容量单位为 μF)

电容器容量表示方法一般有直接表示法、数码表示法和色码表示法。

（1）直接表示法

通常是用表示数量的字母 m（10^{-3}）、μ（10^{-6}）、n（10^{-9}）和 p（10^{-12}）加上数字组合表示。例如，4n7 表示 $4.7 \times 10^{-9}\mathrm{F} = 4700\mathrm{pF}$，47n 表示 $47 \times 10^{-9}\mathrm{F} = 47000\mathrm{pF} = 0.047\mu\mathrm{F}$，6p8 表示 6.8pF。另外，有时在数字前冠以 R，如 R33，表示 $0.33\mu\mathrm{F}$；有时用大于 1 的 4 位数字表示，单位为 pF，如 2200 表示 2200pF；有时用小于 1 的数字表示，单位为 $\mu\mathrm{F}$，如 0.22 为 $0.22\mu\mathrm{F}$。

（2）数码表示法

一般用 3 位数字来表示容量的大小，单位为 pF。前两位为有效数字，后一位表示倍率，即乘以 10^i，i 是第三位数字。若第三位数字为 9，则乘以 10^{-1}。如 223 代表 $22 \times 10^3\,\mathrm{pF} = 22000\mathrm{pF} = 0.022\mu\mathrm{F}$，又如 479 代表 $47 \times 10^{-1}\,\mathrm{pF} = 4.7\mathrm{pF}$。这种表示方法最为常见。

（3）色码表示法

这种表示法与电阻器的色环表示法类似，颜色涂于电容器的一端或从顶端向引线排列。色码一般只有 3 种颜色，前两环为有效数字，第三环为倍率，单位为 pF。有时色环较宽，如红红橙，两个红色环涂成一个宽的，表示 22000pF。

3. 绝缘电阻

电容器的绝缘电阻是加到电容器上的直流电压和漏电流的比值。理想电容器的绝缘电阻应为无穷大。电容器的绝缘电阻决定于所用介质的质量和几何尺寸。如果绝缘电阻值低，会使漏电流加大，介质损耗增加，破坏电路的正常工作状态，严重时会造成电容器发热，破坏电介质的特性，导致电容击穿，甚至爆炸。

非电解电容器的绝缘电阻值很大，一般为 $10^6 \sim 10^{12}\,\Omega$。

4. 损耗

理想电容器是没有能量损耗的，而实际上，在电场的作用下，总有部分电能转化成热能，从而形成损耗。损耗包括金属极板损耗和介质损耗，而小功率电容器主要是介质损耗。

5. 固有电感和极限工作频率

电容器的固有电感在高频运用对其影响不能忽略。

电容器的技术指标，在一般要求不高的场合，主要考虑前两项指标。

四、常用电容器

1. 瓷介电容器

瓷介电容器的主要特点是介质损耗较低，电容量对温度、频率、电压和时间的稳定性都比较好，且价格低廉，应用广泛。瓷介电容器可分为低压小功率和高压大功率两种。低压小功率电容器有瓷片、瓷管、瓷介独石电容器，主要用于高频、低频电路中。高压大功率瓷片电容器可制成鼓形、瓶形、板形等形式，主要用于电力系统的功率因数补偿、直流功率变换等电路中。

2. 云母电容器

云母电容器以云母为介质，多层并联而构成。它具有优良的电气性能和机械性能，具有耐压范围宽、可靠性高、性能稳定、容量精度高等优点，可广泛用于高温、高频、脉冲、高稳定性电路中。但云母电容器的生产工艺复杂，成本高、体积大、容量有限。

3. 有机薄膜电容器

有机薄膜电容器最常见的有涤纶电容器和聚苯乙烯电容器。涤纶电容器体积小，容量范围大，耐热、耐潮性能好。

4. 电解电容器

电解电容器的介质是很薄的氧化膜，容量可以做得很大，一般标称容量为 $1\sim1000\mu F$。电解电容器有正极和负极之分，使用时应保证正极电位高于负极电位；否则电解电容器的漏电流增大，导致电容器过热损坏，甚至爆裂。

电解电容器的损耗比较大，性能受温度影响较大，高频特性较差。电解电容器的品种主要有铝电解电容器、钽电解电容器和铌电解电容器。铝电解电容器价格便宜，容量可以做得比较大，但性能较差，寿命短，一般用在要求不高的去耦、耦合和电源滤波电路中。后两者电解电容器的性能要优于铝电解电容器，主要用于温度变化范围大，对频率性能要求高，对产品稳定性、可靠性要求严格的电路中。但这两种电容器价格较高。

电容器的种类繁多，性能各异，合理选择电容器是十分重要的。在具体选用电容器时，应注意以下问题：

(1) 根据电路要求选择合适的电容器型号。一般的耦合、旁路，可选用纸介电容器；在高频电路中，应选择云母和瓷片电容器；在电源滤波电路中，应选择电解电容器。

(2) 电容器的额定电压。电容器的额定电压应高于电容器两端实际电压的 $1\sim2$ 倍。尤其对于电解电容器，一般应使线路的实际电压相当于所选额定电压的 $50\%\sim70\%$，这样才能发挥电解电容器的作用。

(3) 电容器的精度等级。对于某些电子电路，要求高精度的电容器，如时间控制等；而对于大多数电路，一般没有必要选用高精度电容器，这样可以降低电路成本。

(4) 电容器的损耗正切角($\tan\delta$)。电容器的 $\tan\delta$ 值相差很大，尤其对高频电路或对信号相位要求严格的电路，电容器的 $\tan\delta$ 值大小对电路的性能影响较大，一般希望 $\tan\delta$ 越小越好。

B.3 电 感 器

电感器因为使用不够广泛，因此没有系列化产品。市场上只能买到供在特殊场合下使用的产品，如收音机中使用的中周变压器、电视机中使用的各种电感线圈及在测量上使用的标准电感等。使用时，一般要根据要求自己设计、自己制作或到市场上加工定制。

电感线圈是用漆包线或纱包线绕成，其间可插入铁磁体的一种元件。根据构造不同，可分为空芯线圈、铁氧体芯线圈、铁芯线圈和铜芯线圈等几种。根据电感量是否可调，可分为固定式和可调式。

一、电感器的主要技术指标

(1) 电感量：在没有非线性导磁物质存在的条件下，一个载流线圈的磁通量与线圈中的电

流成正比,其比例常数称为自感系数,用 L 表示,简称为电感。即

$$L = \frac{\Phi}{I}$$

式中,Φ 为磁通量;I 为电流强度。

电感量由线圈的圈数 N、截面积 S、长度 l、介质磁导率 μ 决定,当线圈长度远大于直径时,电感量为 $L = \mu N^2 S/l$（H）。

电感量的精确度由用途决定,一般调谐电路线圈的精确度高,而耦合线圈、扼流线圈的精确度低。

（2）品质因数:由于线圈存在电阻,电阻越大性能越差。对具有铁芯的线圈,将引入插入损耗,影响线圈的性能。当用在调谐电路中时,线圈的品质因数决定着调谐电路的谐振特性和效率,要求它的品质因数为 50～300。耦合线圈的品质因数小得多。滤波用的线圈,对品质因数的要求不高。

电感线圈的品质因数定义为

$$Q = \frac{\omega L}{R}$$

式中,ω 为工作角频率,L 为线圈电感量,R 为线圈的总损耗电阻。

（3）固有电容:电感线圈的圈与圈之间具有分布电容,在工作频率较高时,分布电容及其损耗将影响线圈的特性,严重的甚至使其失去电感作用。因此,固有电容是有害的,常采用特殊绕法减小固有电容。

（4）额定电流:线圈中允许通过的最大电流。

（5）线圈的损耗电阻:线圈的直流损耗电阻。

二、电感器电感量的标志方法

（1）直标法。单位为 H（亨利）、mH（毫亨）、μH（微亨）。

（2）数码表示法。方法与电容器的表示方法相同。

（3）色码表示法。这种表示法与电阻器的色标法相似,色码一般有 4 种颜色,前两种颜色为有效数字,第三种颜色为倍率,单位为 μH,第四种颜色是误差位。

B.4　半导体二极管和三极管

一、半导体器件型号的命名方法

1. 中国的国家标准

根据中华人民共和国国家标准,半导体器件的型号命名由 5 部分组成,各部分所代表的意义见表 B.12。

第一部分	第二部分		第三部分		第四部分	第五部分
用数字表示器件的电极数目	用汉语拼音字母表示器件的材料和极性		用汉语拼音字母表示器件的类型		用数字表示器件的序号	用汉语拼音字母表示器件的规格号
符号　意义	符号	意义	符号	意义		
2　二极管	A	N 型锗材料	P	普通管		
	B	P 型锗材料	W	稳压管		
	C	N 型硅材料	Z	整流管		
	D	P 型硅材料	K	开关管		
3　三极管	A	PNP 型锗材料	X	低频小功率		
	B	NPN 型锗材料	G	高频小功率		
	C	PNP 型硅材料	D	低频大功率		
	D	NPN 型硅材料	A	高频大功率		
	E	化合物材料				

示例：

（1）锗材料 PNP 型低频大功率三极管　（2）硅材料 NPN 型高频小功率三极管

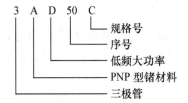

（3）N 型硅材料稳压二极管

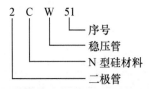

2. 日本常用半导体器件的型号命名标准

日本半导体分立器件（包括晶体管）或其他国家按日本专利生产的这类器件，都是按日本工业标准（JIS）规定的命名法（JIS－C－702）命名的。

日本半导体分立器件的型号，由 5～7 个部分组成，但通常只用到前五部分。前五部分符号及意义见表 B.13。第六、七部分的符号及意义通常是各公司自行规定的。第六部分的符号表示特殊的用途及特性，其常用的符号有：

M——松下公司用来表示该器件符合日本防卫厅海上自卫队参谋部有关标准登记的产品；

N——松下公司用来表示该器件符合日本广播协会（NHK）有关标准的登记产品；

Z——松下公司用来表示专为通信用的可靠性高的器件；

H——日立公司用来表示专为通信用的可靠性高的器件；

K——日立公司用来表示专为通信用的塑料外壳的可靠性高的器件；

T——日立公司用来表示收/发报机用的推荐产品；

G——东芝公司用来表示专为通信用的设备制造的器件；

S——三洋公司用来表示专为通信设备制造的器件。

第七部分的符号常被用来作为器件某个参数的分挡标志。例如，三菱公司常用 R、G、Y 等字母；日立公司常用 A、B、C、D 等字母，作为直流放大系数 h_{FE} 的分挡标志。

日本常用半导体器件的型号命名法见表 B.13。

表 B.13　日本半导体器件命名法

第一部分		第二部分		第三部分		第四部分		第五部分	
用数字表示类型或有效电极数		S 表示日本电子工业协会（EIAJ）的注册产品		用字母表示器件的极性及类型		用数字表示在日本电子工业协会登记的顺序号		用字母表示对原来型号的改进产品	
符号	意义	符号	意义	符号	意义	符号	意义	符号	意义
0	光电（即光敏）二极管、晶体管及其组合管	S	表示已在日本电子工业协会（EIAJ）注册登记的半导体分立器件	A	PNP 型高频管	多位数字	从 11 开始，表示在日本电子工业协会注册登记的顺序号，不同公司性能相同的器件可以使用同一顺序号，其数字越大，表示越是近期产品	A B C D E F …	用字母表示对原来型号的改进产品
1	二极管			B	PNP 型低频管				
2	三极管、具有两个以上 PN 结的其他晶体管			C	NPN 型高频管				
				D	NPN 型低频管				
				F	P 控制极可控硅				
3	具有 4 个有效电极或具有 3 个 PN 结的晶体管			G	N 控制极可控硅				
				H	N 基极单结晶体管				
				J	P 沟道场效应管				
				K	N 沟道场效应管				
n−1	具有 n 个有效电极或具有 n−1 个 PN 结的晶体管			M	双向可控硅				

示例：

（1）2SC502A（日本收音机中常用的中频放大管）

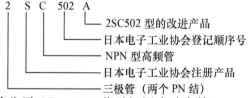

```
2　S　C　502　A
                    └── 2SC502 型的改进产品
              └────── 日本电子工业协会登记顺序号
        └────────── NPN 型高频管
    └────────────── 日本电子工业协会注册产品
└────────────────── 三极管（两个 PN 结）
```

（2）2SA495（日本夏普公司 GF－9494 收录机用小功率管）

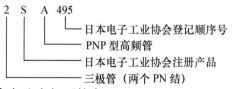

```
2　S　A　495
              └── 日本电子工业协会登记顺序号
        └────── PNP 型高频管
    └────────── 日本电子工业协会注册产品
└────────────── 三极管（两个 PN 结）
```

日本半导体器件型号命名法有如下特点：

（1）型号中的第一部分是数字，表示器件的类型和有效电极数。例如，用"1"表示二极管，用"2"表示三极管。而屏蔽用的接地电极不是有效电极。

（2）第二部分均为字母 S，表示日本电子工业协会注册产品，而不表示材料和极性。

（3）第三部分表示极性和类型。例如，用 A 表示 PNP 型高频管，用 J 表示 P 沟道场效应管。但是，第三部分既不表示材料，也不表示功率的大小。

（4）第四部分只表示在日本电子工业协会（EIAJ）注册登记的顺序号，并不反映器件的性能，顺序号相邻的两个器件的某一性能可能相差很远。例如，2SC2680 型的最大额定耗散功率为 200mW，而 2SC2681 的最大额定耗散功率为 100W。但是，登记顺序号能反映产品时间的先后。登记顺序号的数字越大，表明越是近期产品。

（5）第六、七部分的符号和意义各公司不完全相同。

（6）日本有些半导体分立器件的外壳上标记的型号，常采用简化标记的方法，即把 2S 省略。例如，2SD764 简化为 D764，2SC502A 简化为 C502A。

（7）在低频管（2SB 和 2SD 型）中，也有工作频率很高的管子。例如，2SD355 的特征频率 f_T 为 100MHz，所以，它也可当作高频管使用。

（8）日本通常把 $P_{CM} \geqslant 1W$ 的管子，称为大功率管。

3. 美国常用半导体器件的型号命名标准

美国晶体管或其他半导体器件的型号命名法较为混乱。这里介绍的是美国晶体管标准型号命名法，即美国电子工业协会（EIA）规定的晶体管分立器件型号的命名法。美国半导体器件命名法见表 B.14。

表 B.14 美国半导体器件命名法

第一部分		第二部分		第三部分		第四部分		第五部分
用符号表示器件类别		用数字表示器件PN结的数目		美国电子工业协会（EIA）注册标志		美国电子工业协会（EIA）号		用字母表示器件分挡
符号	意义	符号	意义	符号	意义	符号	意义	符号	意义
JAN	军级	1	二极管	N	该器件已在美国电子工业协会（EIA）注册登记	多位数字	该器件在美国电子工业协会（EIA）登记号	A	同一型号器件的不同档次
JANTX	特军级	2	三极管					B	
JANTXV	超特军级	3	3 个 PN 结器件					C	
JANS	宇航级	n	n 个 PN 结器件					D	
（无）	非军用品							...	

示例：

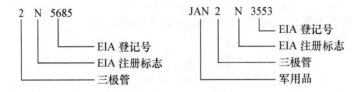

美国晶体管型号命名法的特点：

（1）型号命名法规定较早，又未作过改进，型号内容很不完备。例如，对于材料、极性、主要特性和类型，在型号中不能反映出来。例如，2N 开头的既可能是一般晶体管，也可能是场效应管。因此，仍有一些厂家按自己规定的型号命名法命名。

（2）组成型号的第一部分是前缀，第五部分是后缀，中间的 3 个部分为型号的基本部分。

（3）除去前缀以外，凡型号以 1N、2N 或 3N……开头的晶体管分立器件，大都是美国制造的，或按美国专利在其他国家制造的产品。

（4）第四部分数字只表示登记序号，而不含其他意义。因此，序号相邻的两器件可能特性相差很大。例如，2N3464 为硅 NPN 型高频大功率管，而 2N3465 为 N 沟道场效应管。

（5）不同厂家生产的性能基本一致的器件，都使用同一个登记号。同一型号中某些参数的差异常用后缀字母表示。因此，型号相同的器件可以通用。

（6）登记序号数大的通常是近期产品。

二、半导体二极管

1. 半导体二极管的分类

半导体二极管按其用途分为普通二极管和特殊二极管。普通二极管包括整流二极管、检波二极管、稳压二极管、开关二极管、快速二极管等；特殊二极管包括变容二极管、发光二极管、隧道二极管、触发二极管等。

（1）常用半导体二极管型号及性能见表 B.15。

表 B.15 常用半导体二极管型号及性能

类型	参数 型号	最大整流电流 (mA)	正向电流 (mA)	正向压降 (在左栏电流值下) (V)	反向击穿电压 (V)	最高反向工作电压 (V)	反向电流 (μA)	零偏压电容 (pF)	反向恢复时间 (ns)
普通检波二极管	2AP9	≤16	≥2.5	≤1	≥40	20	≤250	≤1	f_H(MHz) 150
	2AP7		≥5		≥150	100			
	2AP11	≤25	≥10	≤1		≤10	≤250	≤1	f_H(MHz) 40
	2AP17	≤15	≥10			≤100			
锗开关二极管	2AK1		≥150	≤1	30	10		≤3	≤200
	2AK2				40	20			
	2AK5		≥200	≤0.9	60	40		≤2	≤150
	2AK10		≥10	≤1	70	50			
	2AK13		≥250	≤0.7	60	40		≤2	≤150
	2AK14				70	50			
硅开关二极管	2CK70A～E	≥10		≤0.8	A≥30 B≥45 C≥60 D≥75 E≥90	A≥20 B≥30 C≥40 D≥50 E≥60		≤1.5	≤3
	2CK71A～E	≥20							≤4
	2CK72A～E	≥30							
	2CK73A～E	≥50		≤1			≤1		≤5
	2CK74A～D	≥100							
	2CK75A～D	≥150							
	2CK76A～D	≥200							

类型	参数 型号	最大整流电流（mA）	正向电流（mA）	正向压降（在左栏电流值下）（V）	反向击穿电压（V）	最高反向工作电压（V）	反向电流（μA）	零偏压电容（pF）	反向恢复时间（ns）
整流二极管	2CZ52B~H	2	0.1	≤1		25~600			同2AP普通二极管
	2CZ53B~M	6	0.3	≤1		50~1000			
	2CZ54B~M	10	0.5	≤1		50~1000			
	2CZ55B~M	20	1	≤1		50~1000			
	2CZ56B~M	65	3	≤0.8		25~1000			
	1N4001~4007	30	1	1.1		50~1000	5		
	1N5391~5399	50	1.5	1.4		50~1000	10		
	1N5400~5408	200	3	1.2		50~1000	10		

（2）常用整流桥的主要参数见表 B.16。

表 B.16　几种单相桥式整流器的参数

参数 型号	不重复正向浪涌电流（A）	整流电流（A）	正向电压降（V）	反向漏电流（μA）	反向工作电压（V）	最高工作结温（℃）
QL1	1	0.05				
QL2	2	0.1				
QL4	6	0.3		≤10	常见的分挡为：25,50,100,200,400,500,600,700,800,900,1000	130
QL5	10	0.5	≤1.2			
QL6	20	1				
QL7	40	2		≤15		
QL8	60	3				

（3）常用稳压二极管型号及性能见表 B.17。

表 B.17　常用稳压二极管型号及性能

测试条件　参数　型号	工作电流为稳定电流 稳定电压(V)	稳定电压下 稳定电流(mA)	环境温度<50℃ 最大稳定电流(mA)	反向漏电流(μA)	稳定电流下 动态电阻(Ω)	稳定电流下 电压温度系数(10^{-4}/℃)	环境温度<10℃ 最大耗散功率(W)
2CW51	2.5~3.5		71	≤5	≤60	≥-9	
2CW52	3.2~4.5		55	≤2	≤70	≥-8	
2CW53	4~5.8	10	41	≤1	≤50	-6~4	
2CW54	5.5~6.5		38		≤30	-3~5	0.25
2CW56	7~8.8		27		≤15	≤7	
2CW57	8.5~9.8		26	≤0.5	≤20	≤8	
2CW59	10~11.8	5	20		≤30	≤9	
2CW60	11.5~12.5		19		≤40	≤9	
2CW103	4~5.8	50	165	≤1	≤20	-6~4	
2CW110	11.5~12.5	20	76	≤0.5	≤20	≤9	1
2CW113	16~19	10	52	≤0.5	≤40	≤11	
2CW1A	5	30	240		≤20		1
2CW6C	15	30	70		≤8		1
2CW7C	6.0~6.5	10	30		≤10	0.05	0.2

（4）常用变容二极管型号及性能见表 B.18。

表 B.18　常用变容二极管型号及性能

型号	最高反向电压 U_{RM}(V)	反向电流 I_B(μA)	结电容 C_g(pF) $U_R=4$V	电容变化范围(pF) $U_R=0\sim U_{RM}$	零偏压品质因数 Q	电容温度系数 α(℃)
2CC1C	25V	≤1.0	70~110	240~42	≥250	5×10^{-4}
2CC1D	25V	≤1.0	30~70	125~20	≥300	5×10^{-4}

2. 普通半导体二极管的主要参数

（1）反向饱和电流 I_S：指在二极管两端加入反向电压时流过二极管的电流，该电流与半导体材料和温度有关。在常温下，硅管为纳安（10^{-9}A）级，锗管为微安（10^{-6}A）级。

（2）额定整流电流 I_F：指二极管长期运行时，根据允许温升折算出来的平均电流值。目前大功率整流二极管的 I_F 值可达到 1000A。

（3）最大反向工作电压 U_{RM}：指为避免击穿所能加的最大反向电压。目前最高的 U_{RM} 值可达几千伏。

（4）最高工作频率 f_M：由于 PN 结电容的存在，当工作频率超过某一值时，它的单向导电性将变差。点接触式二极管的 f_M 值较高，在 100MHz 以上；整流二极管的 f_M 较低，一般不高于几千赫兹。

（5）反向恢复时间 t_{rr}：指二极管由导通突然反向时，反向电流由很大衰减到接近 I_S 时所需的时间。对于大功率开关二极管工作在高频状态时，此项指标很重要。

3. 几种常用二极管的特点

（1）整流二极管

整流二极管的结构主要是平面接触型，其特点是允许通过的电流比较大，反向击穿电压比较高,但 PN 结电容比较大,一般广泛应用于处理频率不高的电路中,如整流电路、钳位电路、保护电路等。整流二极管在使用中主要考虑的问题是最大整流电流和最高反向工作电压应大于实际工作中的值。

(2) 快速二极管

快速二极管的工作原理与普通二极管是相同的,但由于普通二极管工作在开关状态下的反向恢复时间较长,约 $4\sim5\mu s$,不能适应高频开关电路的要求。快速二极管主要应用于高频整流电路、高频开关电源、高频阻容吸收电路、逆变电路等,其反向恢复时间可达 10ns。快速二极管主要包括肖特基二极管和快恢复二极管。肖特基二极管是由金属与半导体接触形成的势垒层为基础制成的二极管,其主要特点是正向导通压降小(约 0.45V),反向恢复时间短和开关损耗小。但目前肖特基二极管存在的问题是耐压比较低,反向漏电流比较大。肖特基二极管应用在高频低压电路中,是比较理想的。快恢复二极管在制造上采用掺金、单纯的扩散等工艺,可获得较高的开关速度,同时也能得到较高的耐压。目前快恢复二极管主要应用在逆变电源中作为整流元件,高频电路中的限幅、钳位等。

(3) 稳压二极管

稳压二极管是利用 PN 结反向击穿特性所表现出的稳压性能制成的器件。稳压二极管的主要参数有:

① 稳压值 U_z。指当流过稳压管的电流为某一规定值时稳压管两端的压降。目前各种型号的稳压管其稳压值在 $2\sim200V$,以供选择。

② 电压温度系数 $\dfrac{dU_z}{dT}$。稳压管的稳压值 U_z 的温度系数在 U_z 低于 4V 时为负温度系数值;当 U_z 的值大于 7V 时,其温度系数为正值;而 U_z 的值在 6V 左右时,其温度系数近似为零。目前低温度系数的稳压管是由两只稳压管反向串联而成的,利用两只稳压管处于正、反向工作状态时具有正、负不同的温度系数,可得到很好的温度补偿。例如,2DW7型稳压管是稳压值为 $\pm(6\sim7)V$ 的双向稳压管。

③动态电阻 r_z。表示稳压管稳压性能的优劣,一般工作电流越大,r_z 越小。

④ 允许功耗 P_z。由稳压管允许达到的温升决定。

⑤ 稳定电流 I_z。测试稳压管参数时所加的电流。

稳压管的最主要用途是稳定电压。在要求精度不高、电流变化范围不大的情况下,可选与需要的稳压值最为接近的稳压管直接同负载并联。在稳压、稳流电源系统中,一般作为基准电源,也有在集成运放中作为直流电平平移。其存在的缺点是噪声系数较高,稳定性较差。

(4) 发光二极管(LED)

发光二极管的伏安特性与普通二极管类似,所不同的是当发光二极管正向偏置时,正向电流达到一定值时能发出某种颜色的光。根据在 PN 结中所掺杂的材料不同,发光二极管可发出红、绿、黄、橘红及红外光线。

在使用发光二极管时应注意以下两点。

① 若用直流电源电压驱动发光二极管时,在电路中一定要串联限流电阻,以防止通过发光二极管的电流过大而烧坏管子,注意发光二极管的正向导通压降为 1.2~2V(可见光 LED 为 1.2~2V,红外线 LED 为 1.2~1.6V)。

② 发光二极管的反向击穿电压比较低，一般仅有几伏。因此当用交流电压驱动 LED 时，可在 LED 两端反极性并联整流二极管，使其反向偏压不超过 0.7V，以便保护发光二极管。

三、半导体三极管

1. 半导体三极管的分类

半导体三极管也称双极型晶体管，其种类非常多。

按材料可分为硅管和锗管两类，晶体三极管按导电类型可分为 NPN 型和 PNP 型。

按集电结耗散功率的大小可分为小功率管（$P_{CM}<1W$）和大功率管（$P_{CM}>1W$）。

按使用的频率范围可分为低频管（$f_a<3MHz$）和高频管（$f_a>3MHz$）。

2. 半导体三极管的主要参数

（1）共射电流放大系数 β：β 值一般为 $20\sim200$，它是表征三极管电流放大作用的最主要参数。

（2）反向击穿电压值 $U_{(BR)CEO}$：指基极开路时加在 c 和 e 两极间电压的最大允许值，一般为几十伏，高压大功率管可达千伏以上。

（3）最大集电极电流 I_{CM}：指由于三极管集电极电流 I_C 过大使 β 值下降到规定允许值时的电流（一般指 β 值下降到 2/3 正常值时的 I_C 值）。实际管子在工作时超过 I_{CM} 并不一定损坏，但管子的性能将变差。

（4）最大管耗 P_{CM}：指根据三极管允许的最高结温而定出的集电结最大允许耗散功率。在实际工作中，三极管的 I_C 与 U_{CE} 的乘积要小于 P_{CM} 值，反之则可能烧坏管子。

（5）穿透电流 I_{CEO}：指在三极管基极电流 $I_B=0$ 时，流过集电极的电流 I_C。它表明基极对集电极电流失控的程度。小功率硅管的 I_{CEO} 约为 $0.1\mu A$，锗管的值要比它大 1000 倍，大功率硅管的 I_{CEO} 约为毫安数量级。

（6）特征频率 f_T：指三极管的 β 值下降到 1 时所对应的工作频率。f_T 的典型值为 $100\sim1000MHz$，实际工作频率 $f<\frac{1}{3}f_T$。

3. 几种常用半导体三极管的性能

（1）9011～9018 塑封硅三极管的参数见表 B.19。

表 B.19　9011～9018 塑封硅三极管的参数

型号	极 限 参 数			直 流 参 数			交 流 参 数		类型	引脚
	P_{CM} (mW)	I_{CM} (mA)	$U_{(BR)CEO}$ (V)	I_{CEO} (μA) 最大值	U_{CES}(V) 最大值	β 最小值	f_T(MHz) 最小值	C_{ob} (pF) 最大值		
9011						28				
D						28				C B E
E						39			N	
F	400	30	30	0.2	0.3	54	150	1.5	P	
G						72			N	
H						97				
I						132				

型号	极 限 参 数			直 流 参 数			交 流 参 数		类型	引脚
	P_{CM} (mW)	I_{CM} (mA)	$U_{(BR)CEO}$ (V)	I_{CEO} (μA) 最大值	U_{CES}(V) 最大值	β 最小值	f_T(MHz) 最小值	C_{ob} (pF) 最大值		
9012						64				
D						64			P	
E	625	500	−20	1	0.6	78	150		N	
F						96			P	
G						112				
H						144				
9013						64				
D						64			N	
E	625	500	20	1	0.6	78	50		P	
F						96			N	
G						112				
H						144				
9014						60				
A						60			N	
B	450	100	45	1	0.3	100	150	3.5	P	
C						200			N	
D						400				
9015						60			P	
A	450	100	−45	1	0.7	60	100	7	N	
B						100			P	
C						200				
9016						28				
D						28				
E						39			N	
F	400	25	20	1	0.3	54	400	1.6	P	
G						72			N	
H						97				
I						132				
9017						28				
D						28				
E						39			N	
F	400	50	15	0.1	0.5	54	1100	1.7	P	
G						72			N	
H						97				
I						132				

（2）3DG100（3DG6）NPN 型硅高频小功率三极管的参数见表 B.20。

表 B.20　3DG100（3DG6）NPN 型硅高频小功率三极管的参数

	原　型　号	3DG6				测　试　条　件
	新　型　号	3DG100A	3DG100B	3DG100C	3DG100D	
极限参数	P_{CM}(mW)	100	100	100	100	
	I_{CM}(mA)	20	20	20	20	
	$U_{(BR)CEO}$(V)	≥20	≥30	≥20	≥30	I_C=100μA
直流参数	I_{CEO}(μA)	≤0.1	≤0.1	≤0.1	≤0.1	U_{CE}=10V
	U_{CES}(V)	≤1	≤1	≤1	≤1	I_C=10mA，I_B=1mA
	h_{FE}	≥30	≥30	≥30	≥30	U_{CE}=10V，I_C=3mA
交流参数	f_T(MHz)	≥150	≥150	≥300	≥300	U_{CB}=10V，I_E=3mA，f=100MHz，R_L=5Ω
	C_{ob}(pF)	≤4	≤4	≤4	≤4	U_{CB}=10V，I_E=0
h_{FE}色标分挡		（红）30～60（绿）50～110（蓝）90～160（白）>150				
引　脚						

（3）3DG130（3DG12）NPN 型硅高频小功率三极管的参数见表 B.21。

表 B.21　3DG130（3DG12）NPN 型硅高频小功率三极管的参数

	原　型　号	3DG12				测　试　条　件
	新　型　号	3DG130A	3DG130B	3DG130C	3DG130D	
极限参数	P_{CM}(mW)	700	700	700	700	
	I_{CM}(mA)	300	300	300	300	
	$U_{(BR)CEO}$(V)	≥30	≥45	≥30	≥45	I_C=100μA
直流参数	I_{CEO}(μA)	≤1	≤1	≤1	≤1	U_{CE}=10V
	U_{BES}(V)	≤1	≤1	≤1	≤1	I_C=100mA，I_B=10mA
	h_{FE}	≥30	≥30	≥30	≥30	U_{CE}=10V，I_C=50mA
交流参数	f_T(MHz)	≥150	≥150	≥300	≥300	U_{CB}=10V，I_E=50mA，f=100MHz，R_L=5Ω
	C_{ob}(pF)	≤10	≤10	≤10	≤10	U_{CB}=10V，I_E=0
h_{FE}色标分挡		（红）30～60（绿）50～110（蓝）90～160（白）>150				
引　脚						

4.常用场效应管主要参数

常用场效应管主要参数见表 B.22。

参数 名 称	N 沟道结型				MOS 型 N 沟道耗尽型		
	3DJ2	3DJ4	3DJ6	3DJ7	3D01	3D02	3D04
	D～H	D～H	D～H	D～H	D～H	D～H	D～H
饱和漏源电流 I_{DSS}(mA)	0.3～10	0.3～10	0.3～10	0.35～1.8	0.35～10	0.35～25	0.35～10.5
夹断电压 U_{GS}(V)	<|1～9|	<|1～9|	<|1～9|	<|1～9|	≤|1～9|	≤|1～9|	≤|1～9|
正向跨导 g_m(μS)	>2000	>2000	>1000	>3000	≥1000	≥4000	≥2000
最大漏源电压 $U_{(BR)DS}$(V)	>20	>20	>20	>20	>20	>12～20	>20
最大耗散功率 P_{DSM}(mW)	100	100	100	100	100	25～100	100
栅源绝缘电阻 r_{GS}(Ω)	≥10^8	≥10^8	≥10^8	≥10^8	≥10^8	≥10^8～10^9	≥100
引脚				S ⊙ G 或 S ⊙ G（D 上）			

5. 使用半导体三极管应注意的事项

（1）使用三极管时，不得有两项以上的参数同时达到极限值。

（2）焊接时，应使用低熔点焊锡。引脚引线不应短于 10mm，焊接动作要快，每根引脚焊接时间不应超过 2s。

（3）三极管在焊入电路时，应先接通基极，再接入发射极，最后接入集电极。拆下时，应按相反次序，以免烧坏管子。在电路通电的情况下，不得断开基极引线，以免损坏管子。

（4）使用三极管时，要固定好，以免因震动而发生短路或接触不良，并且不应靠近发热元件。

（5）功率三极管应加装有足够大的散热器。

B.5　数字集成电路

一、半导体集成电路型号命名

1. 国产半导体集成电路型号命名法（GB3430—82）

本标准适用于按半导体集成电路系列和品种的国家标准所生产的半导体集成电路（以下简称器件）。器件的型号由 5 部分组成，其 5 个组成部分的符号及意义见表 B.23。

表 B.23　半导体集成电路的符号及意义

第零部分		第一部分		第二部分	第三部分		第四部分	
用字母表示器件符合国家标准		用字母表示器件的类型		用阿拉伯数字和字母表示器件的系列和品种代号	用字母表示器件的工作温度范围类型		用字母表示器件的封装形式	
符号	意义	符号	意义		符号	意义	符号	意义
C	中国制造	T	TTL		C	0～70℃	W	陶瓷扁平
		H	HTL				B	塑料扁平
		E	ECL		E	−40～85℃	F	全密封扁平
		C	CMOS				D	陶瓷直插
		F	线性放大器		R	−55～85℃	P	塑料直插
		D	音响、电视电路				J	黑陶瓷扁平
		W	稳压器		M	−55～125℃	K	金属菱形
		J	接口电路				T	金属圆形
		B	非线性电路					
		M	存储器					
		U	微型电路					

示例：

（1）肖特基 TTL 双 4 输入与非门

```
C  T  74S20  E  D
               └─ 陶瓷双列直插式封装（第四部分）
            └──── -40~85℃（第三部分）
      └───────── 肖特基系列双 4 输入与非门（第二部分）
   └──────────── TTL 电路（第一部分）
└─────────────── 符合国家标准（第零部分）
```

（2）CMOS8 选 1 数据选择器（三态输出）

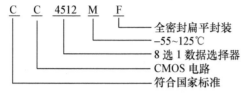

```
C  C  4512  M  F
             └─ 全密封扁平封装
          └──── -55~125℃
     └───────── 8 选 1 数据选择器
  └──────────── CMOS 电路
└─────────────── 符合国家标准
```

（3）通用运算放大器

```
C  F  0741  C  T
             └─ 金属圆形封装
          └──── 0~70℃
     └───────── 通用Ⅲ型运算放大器
  └──────────── 线性放大器
└─────────────── 符合国家标准
```

2. 国外 TTL 集成电路产品型号命名规则

产品型号命名规则：

$$\underset{①}{SN} \quad \underset{②}{74(54)} \quad \underset{③}{LS} \quad \underset{④}{08} \quad \underset{⑤}{J}$$

① SN：表示美国德克萨斯公司（TEXAS）的标准 TTL 电路；

IC 美国英特西尔公司（INL）；　　　　AD 美国模拟器件公司（ANA）；

μA 美国仙童公司（PSC）；　　　　　MC 美国摩托罗拉公司（MOTA）；

LM 美国国家半导体公司（NSC）；　　CA 美国无线电公司（BCA）；

NE 美国悉克尼特公司（SIC）；　　　μPC 日本电气工业公司（NEC）；

RA,HD 日本日立公司（HIT）；　　　TA 日本东芝公司（TOS）；

LA,LB 日本三洋公司（SANYO）；　　AN 日本松下公司；

M 日本三菱公司。

② 表示工作温度范围。54 系列：-55～+125℃；74 系列：0～+70℃。

③ 表示系列。例如，ALS 表示先进的低功耗肖特基；LS 表示低功耗肖特基。

④ 表示品种代号。例如，08 表示四二输入与门；138 表示译码器。

⑤ 表示封装材料及封装形式：J，陶瓷双列直插式；N，塑料双列直插式；T，金属扁平形；W，陶瓷扁平形。

二、数字集成电路的分类与特点

数字集成电路有双极型集成电路（如 TTL、ECL）和单极型集成电路（如 CMOS）两大类，每类中又包含有不同的系列品种。表 B.24 列出了几类常用数字集成电路的典型参数。

表 B.24　几类常用数字集成电路的典型参数

参　　数	74 （TTL）	74LS （TTL）	74HC （与 TTL 兼容 的高速 CMOS）	4000 系列 CMOS 电路	单位
电源电压范围	4.75~5.25	4.75~5.25	2~6	3~18	V
电源电压 V_{CC}	5	5	5		V
电源电流	24	12	0.008	0.004	mA
高电平输入电流 I_{IH}	40	20	0.1	0.1	μA
低电平输入电流 I_{IL}	−1600	−400	0.1	0.1	μA
高电平输入电压 U_{IH}	2	2	3.15	$3.5(V_{DD}=5V)$ $7(V_{DD}=10V)$ $11(V_{DD}=15V)$	V
低电平输入电压 U_{IL}	0.8	0.7	1.35	$1.5(V_{DD}=5V)$ $3(V_{DD}=10V)$ $4(V_{DD}=15V)$	V
高电平输出电压 U_{OH}	2.4	2.7	3.95	$4.95(V_{DD}=5V)$ $9.95(V_{DD}=10V)$ $4(V_{DD}=15V)$	V
低电平输出电压 U_{OL}	0.4	0.5	0.26	0.05 $(V_{DD}=5V,10V,15V)$	V
高电平输出电流 I_{OH}	−0.4	−0.4	−5.2	−1.3	mA
低电平输出电流 I_{OL}	16	8	5.2	1.3	mA
平均传输延迟时间 t_{pd}	15	15	30	150	ns

1. TTL 数字集成电路

这类集成电路内部输入级和输出级都是晶体管结构,属于双极型数字集成电路。其主要系列有下面几种。

(1) 74 系列:这是早期的产品,现仍在使用,但正逐渐被淘汰。

(2) 74H 系列:这是 74 系列的改进型,属于高速 TTL 产品。其"与非门"的平均传输延迟时间达 10ns 左右,但电路的静态功耗较大,目前该系列产品使用越来越少,逐渐被淘汰。

(3) 74S 系列:这是 TTL 的高速型肖特基系列。在该系列中,采用了抗饱和肖特基二极管,速度较高,但品种较少。

(4) 74LS 系列:这是当前 TTL 类型中的主要产品系列。品种和生产厂家都非常多,性价比较高,目前在中小规模电路中应用非常普遍。

(5) 74ALS 系列:这是"先进的低功耗肖特基"系列,属于 74LS 系列的后继产品,速度(典型值为 4ns)、功耗(典型值为 1mW)等方面都有较大的改进,但价格比较高。

(6) 74AS 系列:这是 74S 系列的后继产品,尤其速度(典型值为 1.5ns)有显著的提高,又称"先进超高速肖特基"系列。

总之,TTL 系列产品向着低功耗、高速度方向发展。其主要特点为:

(1) 不同系列同型号器件引脚排列完全兼容;

(2) 参数稳定,使用可靠;

(3) 噪声容限高达数百毫伏;

(4) 输入端一般有钳位二极管,减少了反射干扰的影响,输出电阻低,带容性负载能力强;

（5）采用＋5V 电源供电。

2. CMOS 集成电路

CMOS 数字集成电路是利用 NMOS 管和 PMOS 管巧妙组合成的电路,属于一种微功耗的数字集成电路。主要系列有下面几种。

（1）标准型 4000B/4500B 系列:该系列是以美国 RCA 公司的 CD4000B 系列和 CD4500B 系列制定的,与美国 Motorola 公司的 MC14000B 系列和 MC14500B 系列产品完全兼容。该系列产品的最大特点是工作电源电压范围宽(3～18V)、功耗最小、速度较低、品种多、价格低廉,是目前 CMOS 集成电路的主要应用产品。

（2）74HC 系列:54/74HC 系列是高速 CMOS 标准逻辑电路系列,具有与 74LS 系列同等的工作速度和 CMOS 集成电路固有的低功耗及电源电压范围宽等特点。74HCxxx 是 74LSxxx 同序号的翻版,型号最后几位数字相同,表示电路的逻辑功能、引脚排列完全兼容,为用 74HC 替代 74LS 提供了方便。

（3）74AC 系列:该系列又称"先进的 CMOS 集成电路",54/74AC 系列具有与 74AS 系列同等的工作速度和与 CMOS 集成电路固有的低功耗及电源电压范围宽等特点。

CMOS 集成电路的主要特点有:

（1）具有非常低的静态功耗。在电源电压 V_{CC}＝5V 时,中规模集成电路的静态功耗小于 $100\mu W$。

（2）具有非常高的输入阻抗。正常工作的 CMOS 集成电路,其输入保护二极管处于反偏状态,直流输入阻抗大于 100MΩ。

（3）宽的电源电压范围。CMOS 集成电路标准 4000B/4500B 系列产品的电源电压为3～18V。

（4）扇出能力强。在低频工作时,一个输出端可驱动 CMOS 器件 50 个以上输入端。

（5）抗干扰能力强。CMOS 集成电路的电压噪声容限可达电源电压值的 45％,且高电平和低电平的噪声容限值基本相等。

（6）逻辑摆幅大。CMOS 电路在空载时,输出高电平 $V_{OH} \geqslant V_{CC}-0.05V$,输出低电平 $U_{OL} \leqslant 0.05V$。

三、数字集成电路的应用要点

1. 数字集成电路使用中注意事项

在使用集成电路时,为了不损坏器件,充分发挥集成电路的应有性能,应注意以下问题。

（1）认真查阅使用器件型号的资料:对于要使用的集成电路,首先要根据手册查出该型号器件的资料,注意器件的引脚排列图接线,按参数表给出的参数规范使用,在使用中,不得超过最大额定值（如电源电压、环境温度、输出电流等）,否则将损坏器件。

（2）注意电源电压的稳定性:为了保证电路的稳定性,供电电源的质量一定要好,要稳定。在电源的引线端并联大的滤波电容,以避免由于电源通断的瞬间而产生冲击电压。更注意不要将电源的极性接反,否则将会损坏器件。

（3）采用合适的方法焊接集成电路:在需要弯曲引脚引线时,不要靠近根部弯曲。焊接前不允许用刀刮去引线上的镀金层,焊接所用的烙铁功率不应超过 25W,焊接时间不应过长。焊接时最好选用中性焊剂。焊接后严禁将器件连同印制线路板放入有机溶液中浸泡。

（4）注意设计工艺,增强抗干扰措施:在设计印制线路板时,应避免引线过长,以防止串扰和对信号传输延迟。此外,要把电源线设计得宽一些,地线要进行大面积接地,这样可减少接地噪声干扰。

另外,由于电路在转换工作的瞬间会产生很大的尖峰电流,此电流峰值超过功耗电流几倍到几十倍,这会导致电源电压不稳定,产生干扰造成电路误动作。为了减小这类干扰,可以在集成电路的电源端与地端之间,并接高频特性好的去耦电容,一般在每片集成电路并接一个,电容的取值为 $30pF \sim 0.01\mu F$;此外在电源的进线处,还应对地并接一个低频去耦电容,最好用 $10 \sim 50\mu F$ 的钽电容。

2. TTL 集成电路使用时应注意的问题

(1) 正确选择电源电压:TTL 集成电路的电源电压允许变化范围比较窄,一般为 $4.5 \sim 5.5V$。在使用时,不能将电源与地颠倒接错,否则将会因为过大电流而造成器件损坏。

(2) TTL 集成电路的各个输入端不能直接与高于 $+5.5V$ 和低于 $-0.5V$ 的低内阻电源连接。对多余的输入端最好不要悬空。虽然悬空相当于高电平,并不影响与门、与非门的逻辑关系,但悬空容易接收干扰,有时会造成电路的误动作。因此,多余输入端要根据实际需要进行适当处理。例如,与门、与非门的多余输入端可直接接到电源 V_{CC} 上;也可将不同的输入端公用一个电阻连接到 V_{CC} 上;或将多余的输入端并联使用。对于或门、或非门的多余输入端应直接接地。

对于触发器等中规模集成电路来说,不使用的输入端不能悬空,应根据逻辑功能接入适当电平。

(3) 对于输出端的处理:除三态门、集电极开路门外,TTL 集成电路的输出端不允许并联使用。如果将几个集电极开路门电路的输出端并联,实现线与功能时,应在输出端与电源之间接入一个计算好的上拉电阻。

集成门电路的输出端不允许与电源或地短路,否则可能造成器件损坏。

3. CMOS 集成电路使用时应注意的问题

(1) 正确选择电源。由于 CMOS 集成电路的工作电源电压范围比较宽(CD4000B/4500B:$3 \sim 18V$),选择电源电压时,首先考虑要避免超过极限电源电压。其次要注意电源电压的高低将影响电路的工作频率。降低电源电压会引起电路工作频率下降或增加传输延迟时间。如 CMOS 触发器,当 V_{CC} 由 $+15V$ 下降到 $+3V$ 时,其最高频率将从 10MHz 下降到几十千赫。

此外,提高电源电压可以提高 CMOS 门电路的噪声容限,从而提高电路系统的抗干扰能力。但电源电压选得越高,电路的功耗越大。不过由于 CMOS 电路的功耗较小,功耗问题不是主要考虑的设计指标。

(2) 防止 CMOS 电路出现可控硅效应的措施:当 CMOS 电路输入端施加的电压过高(大于电源电压)或过低(小于 0V),或者电源电压突然变化时,电源电流可能会迅速增大,烧坏器件,这种现象称为可控硅效应。预防可控硅效应的措施主要有:

① 输入端信号幅度不能大于 V_{CC} 和小于 0V;

② 要消除电源上的干扰;

③ 在条件允许的情况下,尽可能降低电源电压,如果电路工作频率比较低,用 $+5V$ 电源供电最好;

④ 对使用的电源加限流措施,使电源电流被限制在 30mA 以内。

(3) 对输入端的处理。在使用 CMOS 电路器件时,对输入端一般要求如下:

① 应保证输入信号幅值不超过 CMOS 电路的电源电压,即满足 $V_{SS} \leqslant U_I \leqslant V_{CC}$,一般 $V_{SS} = 0V$;

② 输入脉冲信号的上升和下降时间一般应小于微秒级,否则电路工作不稳定或损坏器件;

③ 所有不用的输入端不能悬空,应根据实际要求接入适当的电压(V_{CC}或 $0V$),由于 CMOS 集成电路输入阻抗极高,一旦输入端悬空,极易受外界噪声影响,从而破坏电路的正常逻辑关系,也可能感应静电,造成栅极被击穿。

（4）对输出端的处理。

① CMOS 电路的输出端不能直接连到一起,否则导通的 P 沟道 MOS 场效应管和导通的 N 沟道 MOS 场效应管形成低阻通路,造成电源短路。

② 在 CMOS 逻辑系统设计中,应尽量减少电容负载。电容负载会降低 CMOS 集成电路的工作速度和增加功耗。

③ CMOS 电路在特定条件下可以并联使用。当同一芯片上 2 个以上同样器件并联使用（如各种门电路）时,可增大输出灌电流和拉电流负载能力,同样也提高了电路的速度。但器件的输出端并联,输入端也必须并联。

④ 从 CMOS 器件的输出驱动电流大小来看,CMOS 电路的驱动能力比 TTL 电路要差很多,一般 CMOS 器件的输出只能驱动一个 LS 系列的 TTL 负载。但驱动 CMOS 负载,CMOS 的扇出系数比 TTL 电路大得多（CMOS 的扇出系数≥500）,CMOS 电路驱动其他负载,一般要外加一级驱动器接口电路。

四、部分集成电路引脚排列

1. 74LS 系列

74LS 系列部分集成电路引脚排列如图 B.1 所示。74LS 系列部分集成型号及功能说明见表 B.25。

表 B.25　74LS 系列部分集成电路型号及功能说明

型　号	功 能 说 明	型　号	功 能 说 明
74LS00	四二输入与非门	74LS90	十进制计数器
74LS03	OC 门（四二输入与非门）	74LS125	四三态缓冲器
74LS04	六反相器	74LS126	四三态缓冲器
74LS08	四二输入与门	74LS138	3 线-8 线译码器
74LS20	二双四输入与非门	74LS151	8 选 1 数据选择器
74LS32	四二输入或门	74LS153	双 4 选 1 数据选择器
74LS47	BCD-7 段译码器或驱动器	74LS160	同步十进制计数器
74LS74	双 D 触发器	74LS163	同步二进制计数器
74LS75	四 D 锁存器	74LS175	四重数据触发器
74LS76	双 JK 触发器	74LS192	同步十进制可逆计数器
74LS86	四二输入异或门	74LS194	4 位双向移位寄存器

2. CD40 系列

CD40 系列部分集成电路引脚排列如图 B.2 所示。CD40 系列部分集成电路型号及功能说明见表 B.26。

表 B.26 CD40 系列部分集成电路型号及功能说明

型 号	功 能 说 明	型 号	功 能 说 明
CD4011	四重二输入与非门	CD40106	六施密特触发器
CD4012	双四输入与非门	CD40110	十进制加减计数器/译码/锁存/驱动
CD4013	双 D 触发器	ADC0809	A/D 转换器
CD4017	BCD 计数/时序译码器	DAC0832	D/A 转换器
CD4069	六反相器	7555	定时器

74LS00　　74LS03　　74LS04　　74LS08

74LS20　　74LS32　　74LS47　　74LS74

74LS75　　74LS76　　74LS86　　74LS90

74LS125　　74LS126　　74LS138　　74LS151

74LS153　　74LS160　　74LS163　　74LS175

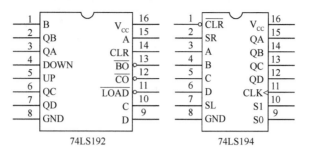

图 B.1 74LS 系列部分集成电路引脚图

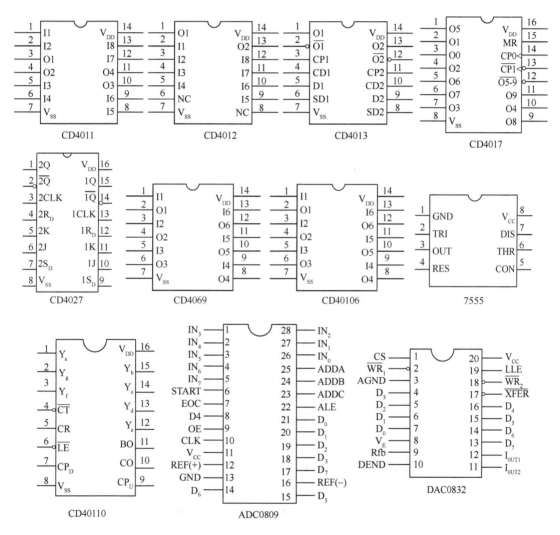

图 B.2 CD40 系列部分集成电路引脚图

五、TTL 与 CMOS 电路功能相近型号对照

TTL 与 CMOS 电路功能相近型号对照表见表 B.27。

表 B.27　TTL 与 CMOS 电路功能相近型号对照表

CMOS	TTL
4001	7402
4008	74238,7483
4011	7400,7437
4013	7474
4014	74166
4015	7491,74164
4019	74157
4021	74165
4028	7442,7445,74141,74145
4035	74178,7494,74179,74195
4042	7475,7477
4027	7473,74111,7478,74167
4049	7406,7407
4051	74151,74152,7425
40160	74160
40162	74160
40161	74161
40163	74161
4067	74150
4070	7486,74136
4093	74132
4098	74121,74122,74123
4502	74125,74126
4081	7408
4510	74190
4511	7446,7447,7448,7449
4516	74191
4518	7490,74290
4514	7490,74290
4515	74154
4555	74155
4556	74156
40192	74192
40193	74193
40194	74194
40195	74195

六、CMOS4000 系列部分数字集成电路功能

CMOS4000 系列部分数字集成电路功能检索表见表 B.28。

表 B.28　CMOS4000 系列部分数字集成电路功能检索表

序号	型号	品 种 名 称
1	4000	双 3 输入端或非门
2	4001	4×2 输入端或非门
3	4002	双 4 输入端或非门
4	4006	18 位串入-串出移位寄存器

序号	型号	品 种 名 称
5	4007	双互补对加反相器
6	4008	4 位超前进位全加器
7	4009	6 反相缓冲/变换器
8	4010	6 同相缓冲/变换器
9	4011	4×2 输入端与非门
10	4012	双 4 输入端与非门
11	4013	双主从 D 触发器
12	4014	8 位串入/并入、串出移位寄存器
13	4015	双 4 位串入、并出移位寄存器
14	4016	4 联双向模拟开关
15	4017	十进制计数/脉冲分配器
16	4018	可预置 N 进制计数器
17	4019	4 与或选择器
18	4020	14 位二进制串行计数/分频器
19	4021	8 位串入/并入、串出移位寄存器
20	4022	八进制计数/分频器
21	4023	3×3 输入端与非门
22	4024	7 位二进制串行计数/分频器
23	4025	3×3 输入端或非门
24	4026	十进制计数/7 段译码器
25	4027	双 JK 触发器
26	4028	BCD 码/十进制译码器
27	4029	可预置可逆计数器（二进制或 BCD）
28	4030	4×2 输入端异或门
29	4031	64 位移位寄存器
30	4032	3 路串联加法器（正逻辑）
31	4033	十进制计数/7 段译码器
32	4034	8 位通用总线寄存器
33	4035	4 位并入/串入、并出/串出移位寄存器
34	4036	4×8 位随机存取储器
35	4038	3 路串联加法器（负逻辑）
36	4039	4 字×8 位随机存取储器
37	4040	12 位二进制串行计数器/分频器
38	4041	4 同相/反相缓冲器
39	4042	4 锁存 D 触发器
40	4043	4×3 态 RS 锁存触发器（"1"触发）
41	4044	4×3 态 RS 锁存触发器（"0"触发）
42	4045	21 位计数器/缓冲器
43	4046	锁相环
44	4047	单稳态触发器/多谐振荡器
45	4048	8 输入端可扩展多功能门
46	4049	6 反相缓冲/变换器
47	4050	6 同相缓冲/变换器
48	4051	单 8 路模拟开关
49	4052	双 4 路模拟开关
50	4053	3×2 路模拟开关

序号	型号	品种名称
51	4054	4 位液晶显示驱动器
52	4055	BCD-7 段译码/液晶驱动器
53	4056	BCD-7 段译码/驱动器
54	4059	可编程 1/N 计数器
55	4060	14 位二进制串行计数器/分频器
56	4063	4 位数字比较器
57	4066	4 双向模拟开关
58	4067	单 16 路模拟开关
59	4068	8 输入端与非门/与门
60	4069	6 反相器
61	4070	4 异或门
62	4071	4×2 输入端或门
63	4072	双 4 输入端或门
64	4073	3×3 输入端与门
65	4075	3×3 输入端或门
66	4076	4 线 D 型寄存器
67	4077	4 异或非门
68	4078	8 输入端与非门/或门
69	4081	4×2 输入端与门
70	4082	双 4 输入端与门
71	4085	双 2×2 输入端与或非门
72	4086	4×2 输入端可扩展与或非门
73	4089	二进制比例乘法器
74	4093	4×2 输入端施密特触发器
75	4094	8 位移位/存储总线寄存器
76	4095	3 输入端 JK 触发器(同相 JK 输入端)
77	4096	3 输入端 JK 触发器(反相和同相 JK 输入端)
78	4097	双 8 路模拟开关
79	4098	双单稳态触发器
80	40100	32 位左移/右移移位寄存器
81	40101	9 位奇偶发生器/校验器
82	40102	8 位可预置同步减法计数器(BCD)
83	40103	8 位可预置同步减法计数器(二进制)
84	40104	TTL 至高电平 CMOS 转换器
85	40105	先进先出寄存器
86	40106	6 施密特触发器
87	40107	双 2 输入端与非缓冲/驱动器
88	40108	4×4 多端口寄存器阵列

序号	型号	品 种 名 称
89	40109	4 低→高电平移位器
90	40110	十进制加/减计数/锁存/7 段译码/驱动器
91	40160	可预置 BCD 加计数器（异步复位）
92	40161	可预置 4 位二进制加计数器（异步复位）
93	40162	可预置十进制计数器（同步复位）
94	40163	可预置 4 位二进制加计数器（同步复位）
95	40174	6 锁存 D 触发器
96	40175	4 锁存 D 触发器
97	40181	4 位算术逻辑单元/函数产生器（32 个功能）
98	40192	可预置 BCD 加/减计数器（双时钟）
99	40193	可预置 4 位二进制加/减计数器（双时钟）
100	40194	4 位并入/串入、并出/串出双向移位寄存器
101	40195	4 位并入/串入、并出/串出移位寄存器
102	40257	4×2 选 1 数据选择器
103	4500	工业控制单元
104	4501	3 多输入门
105	4502	6 反相缓冲器（3 态输出）
106	4503	6 同相缓冲器（3 态输出）
107	4504	6TTL 或 CMOS 同级移相器
108	4505	64×1 位 RAM
109	4506	双重两组 2 输入可扩展与或非门
110	4507	4 异或门
111	4508	双 4 位锁存 D 触发器
112	4510	可预置 BCD 加/减计数器（单时钟）
113	4511	BCD 锁存/7 段译码/驱动器
114	4512	8 路数据选择器
115	4513	BCD-锁存/7 段译码/驱动器
116	4514	4 位锁存/4 线-16 线译码器（输出"1"）
117	4515	4 位锁存/4 线-16 线译码器（输出"0"）
118	4516	可预置 4 位二进制加/减计数器（单时钟）
119	4517	双 64 位移位寄存器
120	4518	双 BCD 同步加计数器
121	4519	4 位与/或选择器
122	4520	双 4 位二进制同步加计数器
123	4521	24 级频率分配器
124	4522	可预置 BCD 同步 $1/N$ 计数器
125	4526	可预置 4 位二进制同步 $1/N$ 计数器

序号	型号	品 种 名 称
126	4527	BCD 比例乘法器
127	4528	双单稳态触发器
128	4529	双 4 路/单 8 路模拟开关
129	4530	双 5 输入端优势逻辑门
130	4531	12 位奇偶数发生器
131	4532	8 位优先编码器
132	4534	实时与译码计数器
133	4536	可编程定时器
134	4537	256×1 静态随机存取存储器
135	4538	精密单稳多谐振荡器
136	4539	双 4 路数据选择器
137	4541	可编程定时器
138	4543	BCD 锁存/7 段译码/驱动器
139	4544	BCD 锁存/7 段译码/驱动器
140	4547	BCD-7 段译码/大电流驱动器
141	4549	连续的近似值寄存器
142	4551	4×2 通道模拟多路传输器
143	4552	256 位 RAM
144	4553	3 位 BCD 计数器
145	4555	双二进制 4 选 1 译码器/分离器(输出"1")
146	4556	双二进制 4 选 1 译码器/分离器(输出"0")
147	4557	1~64 位可变节移位寄存器
148	4558	BCD-7 段译码器
149	4559	逐次近似值码器
150	4560	"N"BCD 加法器
151	4561	"9"求补器
152	4562	128 位静态移位寄存器
153	4566	工业时基发生器
154	4568	相位比较器/可编程计数器
155	4569	双可预置 BCD/二进制计数器
156	4572	4 反相器、2 输入或非门、2 输入端与非门
157	4573	双可预置运算放大器
158	4574	比较器、线性、双运放
159	4575	双预置运放/双比较器
160	4580	4×4 多端寄存器
161	4581	4 位算术逻辑单元
162	4583	双施密特触发器
163	4584	6 施密特触发器
164	4585	4 位数值比较器

B.6 部分电气图形符号

(1) 电阻器、电容器、电感器和变压器的电气图形符号见表 B.29。

表 B.29 电阻器、电容器、电感器和变压器的电气图形符号

图形符号	名称与说明	图形符号	名称与说明
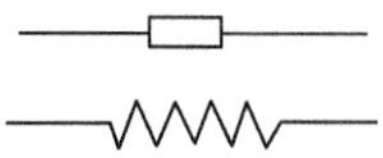	电阻器一般符号		电感器、线圈、绕组或扼流图 注:符号中半圆数不得少于3个
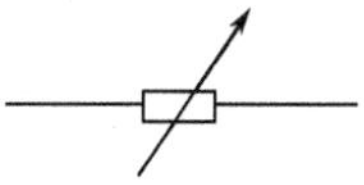	可变电阻器或可调电阻器		带磁芯、铁芯的电感器
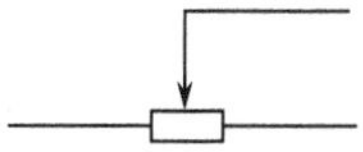	滑动触点电位器		带磁芯连续可调的电感器
	极性电容	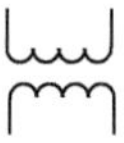	双绕组变压器 注:可增加绕组数目
	可变电容器或可调电容器	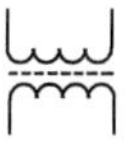	绕组间有屏蔽的双绕组变压器 注:可增加绕组数目
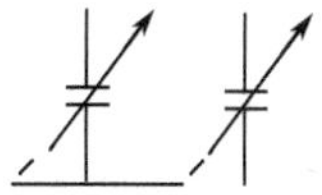	双联同调可变电容器 注:可增加同调联数		在一个绕组上有抽头的变压器
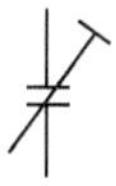	微调电容器		

(2) 半导体管的电气图形符号见表 B.30。

表 B.30 半导体管的电气图形符号

图形符号	名称与说明	图形符号	名称与说明
	二极管	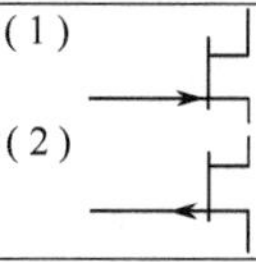 (1) (2)	JFET 结型场效应管 (1)N 沟道 (2)P 沟道
	发光二极管		
	光电二极管		PNP 型晶体三极管
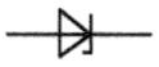	稳压二极管		NPN 型晶体三极管
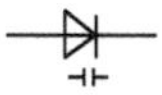	变容二极管	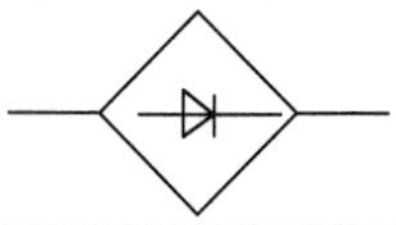	全波桥式整流器

（3）其他电气图形符号见表 B.31。

表 B.31 其他的电气图形符号

图形符号	名称与说明	图形符号	名称与说明
	具有两个电极的压电晶体 注:电极数目可增加	或	接机壳或底板
	熔断器		导线的连接
	指示灯及信号灯		导线的不连接
	扬声器		动合(常开)触点开关
	蜂鸣器		动断(常闭)触点开关
	接大地		手动开关

附录 C　NI Multisim 13 使用指南

C.1　NI Multisim 13 简介

NI Multisim 13 是美国国家仪器公司推出的 NI Circuit Design Suit 13 中的一个重要组成部分,其前身为 EWB(Electronics Work-Bench)。NI Multisim 是一种交互式电路模拟软件,是一种 EDA 工具,它为用户提供了丰富的元件库和功能齐全的各类虚拟仪器,主要用于对各种电路进行全面的仿真分析和设计。NI Multisim 提供了集成化的设计环节,能完成原理图的设计输入、电路仿真分析、电路功能测试等工作。当需要改变电路参数和电路结构仿真时,可以清楚地观察到各种变化电路对性能的影响。用 NI Multisim 进行电路的仿真,实验成本低、速度快、效率高。

NI Multisim 13 包含数量众多的元器件库和标准化的仿真仪器库,用户还可以自己添加新元件,操作简单,分析和仿真功能十分强大。熟练使用该软件,可以大大缩短产品研发的时间。

Multisim 13 的特点如下。

1. 直观的图形界面

NI Multisim 13 的整个界面就像是一个电子实验工作平台,绘制电路所需的元器件和仿真所需的仪器仪表均可直接拖放到工作区中,轻点鼠标即可完成导线的连接,软件仪器的控制面板和操作方式与实物相似,测量数据、波形和特性曲线如同在真实仪器上看到的一样。

2. 丰富的元器件库

NI Multisim 13 具有丰富的元器件库,包括基本元件、半导体元件、TTL 及 CMOS 数字IC、DAC、ADC、MCU 和其他各种部件,且用户可通过元件编辑器自行创建或扩充已有的元器件库,而且所需的元器件参数可以从生产厂商的产品手册中查到,因此很方便在工程设计中使用。

3. 丰富的测试仪器仪表

NI Multisim 13 除了具备一般实验用的通用仪器,如数字万用表、函数信号发生器、示波器、直流电源,还有实验室少有或没有的仪器,如波特图仪、字信号发生器、逻辑分析仪、逻辑转换器、失真分析仪、频谱分析仪和网络分析仪等,且增加了安捷伦的信号源、万用表、示波器及泰克的示波器等,所有仪器均可多台同时调用。

4. 完备的分析手段

NI Multisim 13 具有详细的电路分析功能,可以完成电路的瞬态分析和稳态分析、时域分析和频域分析、器件的线性和非线性分析、电路的噪声分析和失真分析、离散傅里叶分析、电路零极点分析、交直流灵敏度分析等电路分析方法,可以在线显示图形并具有很大的灵活性,以帮助设计人员分析电路的性能。

5. 强大的仿真能力

NI Multisim 13 可以设计、测试和演示各种电子电路,包括电工学、模拟电路、数字电路、射频电路及微控制器和接口电路等,可以对电路设置各种故障,如开路、短路和不同程度的漏电等,从而观察不同故障情况下的电路工作状况。在进行仿真时,还可以存储测试点的所有数据,列出电路的元器件清单,以及存储测试仪器的工作状态、显示波形和具体数据等。

6. 完美的兼容能力

NI Multisim 13 可方便地将模拟结果以原有文档格式导入 LABVIEW 或者 Signal Express 中。工程人员可更有效地分享及比较仿真数据和模拟数据,而无须转换文件格式,在分享数据时减少了失误,提高了效率。

7. 丰富的在线帮助

NI Multisim 13 有丰富的 Help 功能,不仅包括软件本身的操作指南,更重要的是包含元器件的功能解说,这种功能解说有利于使用 EWB 进行 CAI 教学。另外,NI Multisim 13 还提供了与国内外流行的印制电路板设计自动化软件 Protel 及电路仿真软件 PSpice 之间的文件接口,也能通过 Windows 的剪贴板把电路图送往文字处理系统中进行编辑排版。支持 VHDL 和 Verilog HDL 语言的电路仿真与设计。

8. 高效的电路设计

利用 NI Multisim 13 可以实现计算机仿真设计与虚拟实验,与传统的电子电路设计与实验方法相比,具有如下特点:设计与实验可以同步进行,可以边设计边实验,修改调试方便;设计和实验用元器件及测试仪器仪表齐全,可以完成各种类型的电路设计与实验;可方便地对电路参数进行测试和分析;可直接打印输出实验数据、测试参数、曲线和电路原理图;实验中不消耗实际的元器件,实验所需元器件的种类和数量不受限制,实验成本低,实验速度快,效率高;设计和实验成功的电路可以直接在产品中使用。

C.2　NI Multisim 13 的基本操作界面

一、主窗口

启动 NI Multisim 13,弹出如图 C.1(a)所示的界面,即 NI Multisim 13 的基本操作界面,该界面主要由电路工作区、工具栏、仪器仪表栏、状态栏、仿真开关等组成。该界面相当于一个虚拟的电子实验平台。

二、菜单栏

NI Multisim 13 有 12 个菜单项,如图 C.1(b)所示。菜单中提供了软件所有的功能命令。

【File】文件菜单:提供 18 个文件操作命令,如打开、保存、打印等,主要用于管理所创建的电路文件。

【Edit】编辑菜单:提供对电路和元件进行剪切、粘贴、旋转等 23 个操作命令,主要用于在电路绘制过程中,对电路和元器件进行各种技术性处理。

【View】视图菜单:提供 22 个用于控制仿真界面上显示的内容、缩放电路原理图和查找元件等操作命令。

【Place】放置菜单:提供在电路工作窗口内放置元件、节点、导线、各种连线接口及文本等命令。

【MCU】微控制器菜单:提供带有微控制器的嵌入式电路仿真功能。所支持的微控制器芯片类型有两类:80C51 和 PIC。

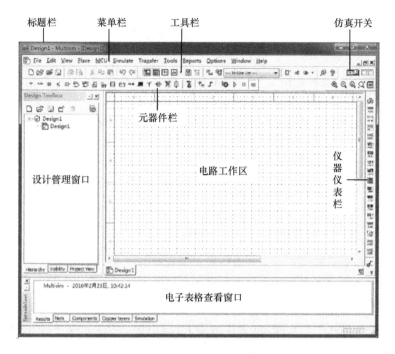

（a）NI Multisim 13 的基本操作界面

File Edit View Place MCU Simulate Transfer Tools Reports Options Window Help

（b）NI Multisim 13 菜单栏

图 C.1　NI Multisim 13 的基本操作界面及菜单栏

【Simulate】仿真菜单：提供常用的仿真设置与操作命令。

【Transfer】文件输出菜单：提供仿真电路的各种数据与 Ultiboard13 数据相互传送的功能。

【Tools】工具菜单：提供常用电路创建向导和电路管理命令，主要用于编辑和管理元器件和元件库。

【Reports】报告菜单：用于产生指定元件存储在数据库中的所有信息和当前电路窗口中所有元件的详细参数报告。

【Options】选项菜单：提供用户需要设置电路功能、存储模式及工作界面功能。

【Window】窗口菜单：提供对一个电路的各个多页子电路及不同的各个仿真电路同时浏览的功能。

【Help】帮助菜单：为用户提供在线技术帮助和使用指导，包含帮助主页目录、帮助主题索引及版本说明等选项。

三、工具栏

Multisim 的工具栏主要包括 Standard Toolbar（标准工具栏）、Main Toolbar（系统工具栏）、View Toolbar（视图工具栏）、Component Toolbar（元件库）、Virtual Toolbar（虚拟元件库）、Graphic Annotation Toolbar（图形注释工具栏）、Status Toolbar（状态栏）和 Instrument Toolbar（虚拟仪器工具栏）等。若需打开相应的工具栏，可通过单击"View/Toolbars"菜单命令，在弹出的级联子菜单中即可找到相应项。

C. 3　元器件库

Multisim 将所有的元器件模型分门别类地放到 18 个分类库中，每个元器件库放置同一种类型的元器件，如图 C. 2 所示。

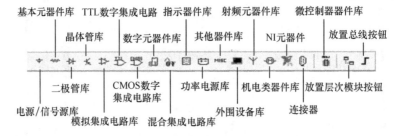

图 C. 2　元器件库

一、电源/信号源库

电源/信号源库共有 6 个系列，包含接地端、直流电源、交流电源、时钟电源、受控电源等 48 种电源与信号源，如图 C. 3 所示。

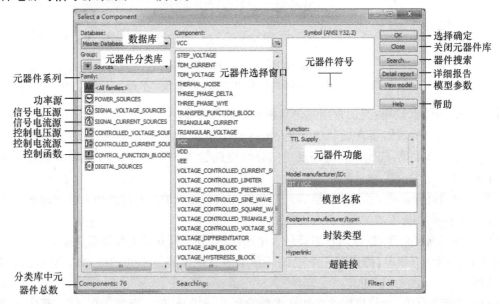

图 C. 3　电源/信号源库

二、基本元器件库

基本元器件库共有 17 个元器件系列，包含电阻、电容、电感等基本元件。基本元器件库中的虚拟元器件的参数可以任意设置，非虚拟元器件的参数是固定的，但可以根据需要选择，如图 C. 4 所示。

三、二极管库

二极管库共有 15 个元器件系列，包含二极管、晶闸管等器件，如图 C.5 所示。

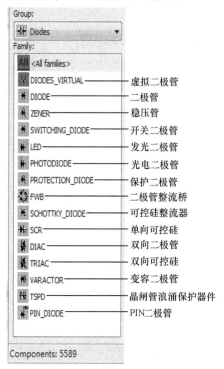

图 C.4　基本元器件库　　　　　　　　图 C.5　二极管库

四、晶体管库

晶体管库中共有 21 个元器件系列，包含晶体管、场效应管等多种器件，如图 C.6 所示。

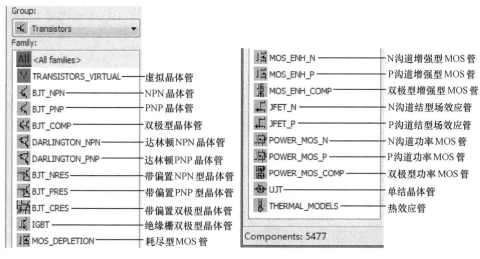

图 C.6　晶体管库

五、模拟集成电路库

模拟集成电路库共有 10 个元器件系列，包含多种运算放大器，如图 C.7 所示。

六、TTL 数字集成电路库

TTL 数字集成电路库共有 9 个元器件系列，包含 74 系列、74S 系列、74LS 系列、74F 系列等 74 系列数字集成电路，如图 C.8 所示。

图 C.7　模拟集成电路库

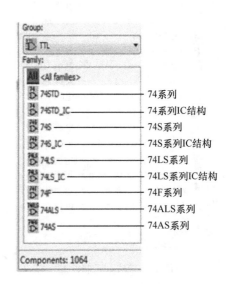

图 C.8　TTL 数字集成电路库

七、CMOS 数字集成电路库

CMOS 数字集成电路库共有 14 个系列，包含有 4000 系列和 74HC 系列多种 CMOS 数字集成电路，如图 C.9 所示。

八、数字元器件库

数字元器件库共有 13 个系列，包含 DSP、CPLD、FPGA、PLD、存储器件、一些接口电路等数字器件，如图 C.10 所示。

九、混合集成电路库

混合集成电路库共有 7 个元器件系列，包含 555 定时器、多谐振荡器等多种数模混合集成电路，如图 C.11 所示。

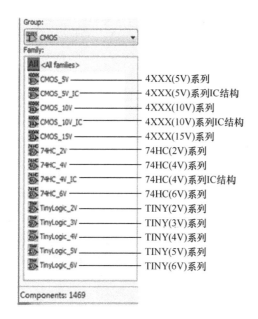

图 C.9　CMOS数字集成电路库　　　　　　　　图 C.10　数字元器件库

十、指示器件库

指示部件库共有 8 个元器件系列，包含 8 种可用来显示电路仿真结果的显示器件，如图 C.12 所示。

图 C.11　混合集成电路库　　　　　　　　　图 C.12　指示器件库

十一、功率电源库

功率电源库共有 16 个系列，包括三段稳压器、开关电源等多种功率电源，如图 C.13 所示。

十二、其他器件库

其他器件库共有 15 个系列，包含光电耦合器、晶振、滤波器等多种器件，如图 C.14 所示。

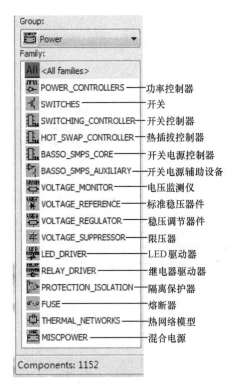

图 C.13　功率电源库

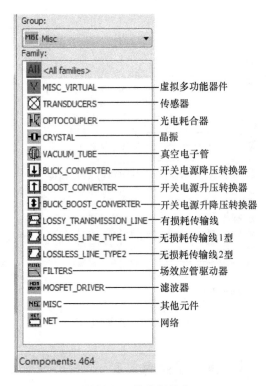

图 C.14　其他器件库

十三、外围设备库

外围设备库共有 4 个系列,包含键盘、液晶屏等器件,如图 C.15 所示。

十四、射频元器件库

射频元器件库共有 8 个系列,包含射频晶体管、射频 FET 等射频元器件,如图 C.16 所示。

图 C.15　外围设备库

图 C.16　射频元器件库

十五、机电类器件库

机电类器件库共有 8 个系列，包含传感器、继电器等机电类器件，如图 C.17 所示。

图 C.17　机电类器件库

十六、NI 元器件库

NI 元器件库共有 11 个系列，包含数据采集卡、信号调理模块等，如图 C.18 所示。

图 C.18　NI 元器件库

十七、连接器

连接器共有 11 个系列，包含不同的常用接插件，如图 C.19 所示。

十八、微控制器器件库

微控制器器件库共有 4 个系列，包含 805X 系列单片机、存储器等，如图 C.20 所示。

图 C.19　连接器　　　　　　　　　　图 C.20　微控制器器件库

C.4　仪器仪表库

Multisim 中的仪器仪表是一种具有虚拟面板的计算机仪器，主要由计算机和控制软件组成。操作人员通过图形用户界面用鼠标或键盘来控制仪器运行，以完成对电路的电压、电流、电阻及波形等物理量的测量。虚拟仪器与实际的仪器仪表的操作非常相似，这使仿真实验的操作更加直观、方便。

NI Multisim 13 的仪器仪表工具栏在界面最右边按列排放，每一个按钮代表一种仪表，共存放有 20 多种虚拟仪器，如图 C.21 所示。

仪器仪表的基本操作方法如下。

（1）仪器选用：从仪器仪表库中将所用的仪器图标，按住鼠标左键拖放到电路图工作区即可。

（2）仪器连接：将仪器图标上的接线端与相应电路的连接点连接。

（3）仪器参数设置：双击仪器图标打开仪器面板，单击仪器面板上相应的按钮和参数设置对话框，完成仪器仪表的参数设置。

（4）仿真运行：打开仿真电源开关后，可观测数据或观察波形。

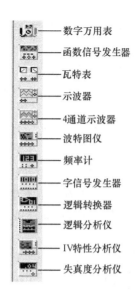

数字万用表
函数信号发生器
瓦特表
示波器
4通道示波器
波特图仪
频率计
字信号发生器
逻辑转换器
逻辑分析仪
IV特性分析仪
失真度分析仪

频谱分析仪
网络分析仪
安捷伦函数信号发生器
安捷伦万用表
安捷伦示波器
泰克示波器
测量探针
LabView 仪器

电流探针

图 C.21　仪器仪表库

C.5　分　析　方　法

一、分析方法简介

Multisim 提供了非常齐全的仿真与分析功能,本节将分别介绍每个仿真与分析功能。执行菜单命令"Simulate/Analyses",或单击设计工具栏的"分析"按钮,即可弹出如图 C.22 所示的分析方法菜单,共包括 18 个分析命令。

(1) 静态工作点分析(DC operating point):分析电路的静态工作点,可以选定计算不同节点的静态电压值。

(2) 交流分析(AC analysis):分析电路的小信号频率响应。

(3) 瞬态分析(Transient analysis):是电路在时域(Time Domain)的动作分析,相当于连续性的操作点分析,通常是为了找出电子电路的动作情形,就像使用示波器一样。

(4) 傅里叶分析(Fourier analysis):是电路在频域(Frequency Domain)的动作分析,将周期性的非正弦波信号转换成由正弦波和余弦波组成的波形。

(5) 噪声分析(Noise analysis):分析噪声对电路的影响。Multisim 提供 3 种噪声的仿真分析,包括热噪声(Thermal Noise),也称为琼森噪声(Johnson Noise)或白色噪声(White Noise),这种噪声是由温度变化所产生的;放射噪声(Shot Noise),这种噪声是由于电流在分立的半导体块中流动所产生的噪声,是晶体管的主要噪声;Flicker 噪声,又称为超越噪声(Excess Noise),通常是发生在 FET 或一般晶体管内,频率为 1kHz 以下。

DC operating point...
AC analysis...
Single frequency AC analysis...
Transient analysis...
Fourier analysis...
Noise analysis...
Noise figure analysis...
Distortion analysis...
DC sweep...
Sensitivity...
Parameter sweep...
Temperature sweep...
Pole zero...
Transfer function...
Worst case...
Monte Carlo...
Trace width analysis...
Batched analysis...
User-defined analysis...
Stop analysis

图 C.22　分析方法菜单

（6）噪声指数分析（Noise figure analysis）：属于射频分析的一部分，噪声指数是指输入端的信噪比（即信号与噪声之比）与输出端的信噪比之比。

（7）失真分析（Distortion analysis）：分析电路的非线性失真及相位偏移。

（8）直流扫描分析（DC sweep）：以不同的一组或两组电源，交互分析指定节点的直流电压值。

（9）灵敏度分析（Sensitivity）：为了找出元件受偏压影响的程度，Multisim 提供直流灵敏度与交流灵敏度的分析功能。

（10）参数扫描分析（Parameter sweep）：是对电路中的元件分别以不同的参数值进行分析。在 Multisim 中，可设定为静态工作点分析、瞬态分析或交流分析 3 种参数扫描分析。

（11）温度扫描分析（Temperature sweep）：也是参数扫描的一种，同样可以执行静态工作点分析、瞬态分析及交流分析。

（12）零点极点分析（Pole zero）：用于求解电路的交流小信号传递函数中零点与极点的个数和数值，以决定电子电路的稳定度。在进行零点极点分析时，首先计算出静态工作点，再设定所有非线性元件的线性小信号模型，然后找出其交流小信号传递函数的零点与极点。

（13）传递函数分析（Transfer function）：求解电路小信号分析的输出和输入之间的关系，可以分析出增益、输入阻抗及输出阻抗。

（14）最坏状态分析（Worst case）：以统计分析的方式，在给定元件参数容差的情况下，分析电路性能相对于标称值的最大偏差。

（15）蒙特卡罗分析（Monte Carlo）：以统计分析的方式，在给定元件参数容差的统计规律的情况下，用一组伪随机数求得元件参数的随机抽样序列，对这些随机抽样的电路进行静态工作点分析、瞬态分析及交流分析。

（16）布线宽度分析（Trace width analysis）：这项功能可以帮助设计者找出该电路在设计电路板（PCB）时走线的宽度。

（17）批次分析（Batched analysis）：设定几个分析分批执行。

（18）使用者定义分析（User-defined analysis）：在 Multisim 中，用户可以自行定义电路分析。

模拟电路分析中最常用的分析方法为静态工作点分析、交流分析、瞬态分析和传递函数分析，下面针对这些方法的应用进行详细介绍。

二、静态工作点分析

在进行分析之前，首先必须设定相关的参数，而对于不同的分析，其设定参数不完全相同。尽管如此，在大部分的分析设定中，只要按照默认值就可以正常分析。但有些设定是必须的，如指定所要追踪或分析的节点等。在静态工作点分析中，各项设定几乎都出现在其他每项分析的设定之中，因而熟悉了静态工作点分析的设定，对于其他分析的设定，只需掌握其特殊的部分即可。

执行菜单命令"Simulate/Analysis/DC Operating Point"，进入静态工作点分析，出现如图 C.23 所示对话框。对话框包括 Output 页、Analysis options 页和 Summary 页。

Output 页是必须设定的部分，在此页中指定所要分析的节点，才能进行静态工作点分析。该页包括 Variables in circuit 区块和 Selected variables for analysis 区块。

Variables in circuit 区块：列出电路中的所有节点名称。选取所要分析的节点，再单击

"Add"按钮即可将所选取的节点放到右边的 Selected variables for analysis 区块。如果在本区块选取节点后,单击"Filter Unselected Variables"按钮,则对未列出的电路中的其他节点进行筛选。

Selected variables for analysis 区块:列出所要分析的节点,如果需要去除某个节点,则选取所要去除的节点,单击"Remove"按钮即可将节点放回 Variables in circuit 区块。

在 Analysis Options 页中可以进行其他一些设定,包括在 Title for analysis 字段中输入所要进行分析的名称和通过 Use custom analysis options 设定习惯分析方式等,一般无须设定,采用默认值即可。

在 Summary 页中进行分析设定确认,一般无须设定,采用默认值即可。

当设定完成后,单击图 C.23 下面的"Simulate"按钮即可进行分析。分析结果如图 C.24 所示,可以对分析结果进行一般的文档操作,如保存、打印等。

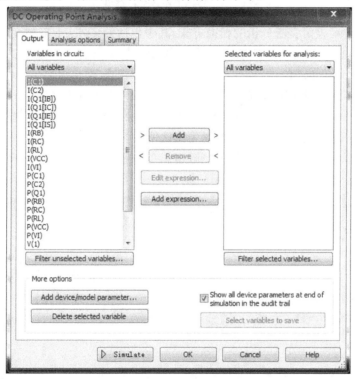

图 C.23　静态工作点分析对话框

三、交流分析

交流分析是分析电路的小信号频率响应。由于交流分析是以正弦波为输入信号的,因此进行分析时,都将自动以正弦波替换输入信号,而信号频率也将以设定的范围替换。执行菜单命令"Simulate/Analysis/AC Analysis",进入交流分析,出现如图 C.25 所示对话框。其中包括 4 页,除了 Frequency parameters 页外,其余均与静态工作点的设定一样。

Frequency parameters 页包括下列 6 个项目。

(1) Start frequency(FSTART):设定交流分析的起始频率。

(2) Stop frequency(FSTOP):设定交流分析的终止频率。

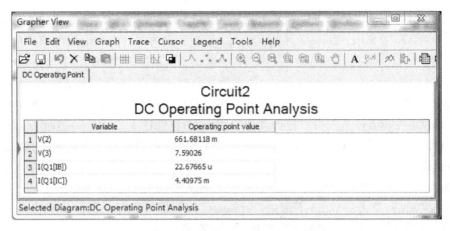

图 C.24　静态工作点分析结果

（3）Sweep type：设定交流分析的扫描方式，其中包括 Decade（十倍刻度扫描）、Octave（八倍刻度扫描）及 Linear（线性刻度扫描）。通常采用十倍刻度扫描，以对数方式展现分析结果。

（4）Number of points per decade：设定每十倍频率的取样点数。

（5）Vertical scale：设定垂直刻度，其中包括 Decibel（分贝刻度）、Octave（八倍刻度）、Linear（线性刻度）及 Logarithmic（对数刻度）。通常采用 Logarithmic 或分贝刻度。

（6）Reset to default：将所有设定恢复为默认值。

当设定完成后，单击图 C.25 下面的"Simulate"按钮即可进行分析，分析结果如图 C.26 所示。

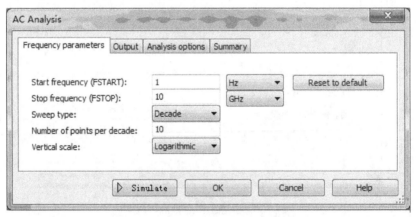

图 C.25　交流分析对话框

四、瞬态分析

瞬态分析是一种非线性时域分析方法，可以分析在激励信号的作用下电路的时域响应，相当于连续性的静态工作点分析，通常是为了找出电子电路的工作情况，就像用示波器观察节点电压波形一样。执行菜单命令"Simulate/Analysis/Transient Analysis"，出现如图 C.27 所示对话框。其中包括 4 页，除了 Analysis parameters 页外，其余均与静态工作点分析的设定相同。

Analysis parameters 页包括下列项目：

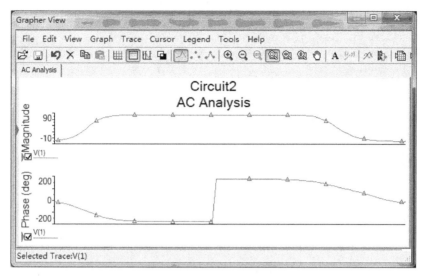

图 C.26　交流分析的结果

（1）Initial conditions：设定初始条件，其中包括 Determine automatically（由程序自动设定初始值）、Set to zero（将初始值设为 0）、User defined（由使用者定义初始值）、Calculate DC operating point（由静态工作点计算得到）。

（2）Start time（TSTART）：设定分析开始的时间。

（3）End time（TSTOP）：设定分析结束的时间。

（4）Maximum time step（TMAX）：设定最大时间间距，以设定分析的步长，并在右边字段里输入最大时间间距值。

（5）Initial time step（TSTEP）：初始时间设置，并在右边字段里输入初始时间。

（6）Reset to default：将所有设定恢复为默认值。

当设定完成后，单击图 C.27 下面的"Simulate"按钮即可进行分析，分析结果如图 C.28 所示。

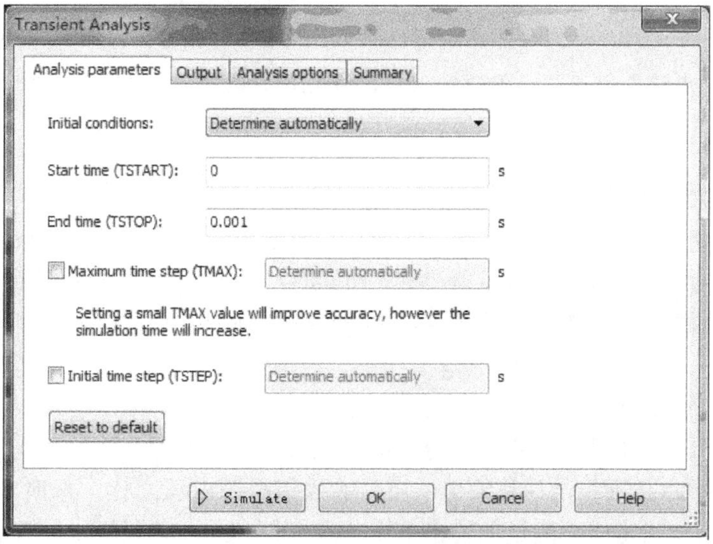

图 C.27　瞬态分析对话框

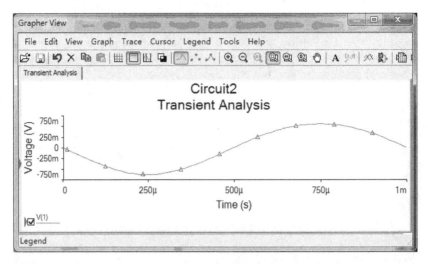

图 C.28　瞬态分析的结果

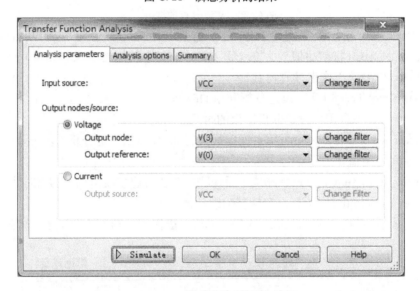

图 C.29　传递函数分析对话框

五、传递函数分析

传递函数分析是找出电路小信号分析的输入、输出之间的关系，Multisim 将计算出增益、输入阻抗及输出阻抗。执行菜单命令"Simulate/Analysis/Transfer Function"，出现如图 C.29 所示对话框。其中包括 3 页，除了 Analysis parameters 页外，其余都与静态工作点分析的设定相同。

在 Analysis parameters 页中，各项说明如下：

（1）Input source：本选项指定所要分析的电压源或者信号源。

（2）Voltage：本选项指定计算输出电压与输入信号源电压之比。选取本选项后，可以在 Output node 字段中指定所要测量的输出电压节点，而在 Output reference 字段中指定参考电压节点，通常是接地端。

（3）Current：本选项指定计算输出电流与输入信号源电压之比。选取本选项后，可以在

Output source 字段中指定所要测量的输出电流源。

如图 C.30 所示为传递函数的分析结果。

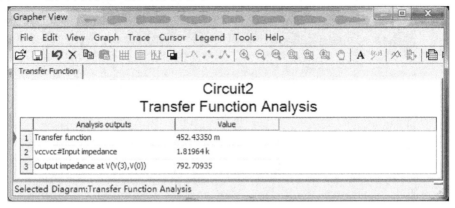

图 C.30　传递函数分析结果

C.6　模拟电路仿真步骤

本节以具体电路为例，介绍模拟电路仿真的基本步骤，包括如何建立电路、仿真测量电路、分析电路、输出结果等。电路如图 C.31 所示，其中晶体管采用实际晶体管 2N2221A，电阻、电容均采用虚拟元件。

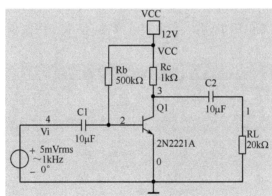

图 C.31　仿真电路原理图

一、建立电路

1. 建立电路文件

运行 NI Multisim 13，打开一个空白的电路文件，便可开始建立电路文件。电路的颜色、尺寸和显示模式基于用户的喜好设置。

2. 根据需要改变用户界面设置

执行菜单命令"Options/Preferences"，进行用户喜好默认设置。

（1）执行菜单命令"Options/Sheet Properties/Sheet visibility/Show all"，设置显示电路节点名称。

（2）执行菜单命令"Options/Global Options/Components/IEC"，设定采用国际标准。

3. 在电路窗口中放置元件

从元器件库中取出所需的所有元件放到合适的位置，如图 C.32 所示。图中元件只是按照图 C.31 所示电路中的元件类型和数量取出放置，元件属性及所放置的位置和方向还有待修改。

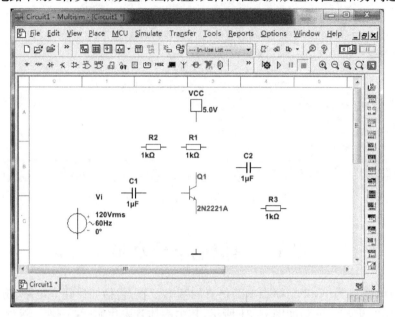

图 C.32　在电路窗口中放置元件

4. 修改元件属性

分别修改信号源、直流电压源、电阻和电容的属性，包括元件值和序号。修改后的电路图如图 C.33 所示。

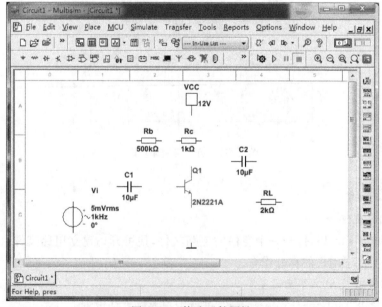

图 C.33　修改元件属性

5. 编辑元件

在图 C.33 中，电阻 R_b、R_c 和 R_L 的方向需要垂直放置，另外有些元件的位置需要移动。编辑元件的位置和方向后如图 C.34 所示。

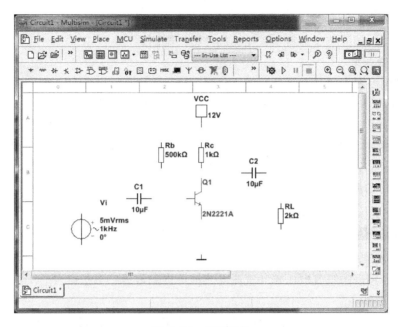

图 C. 34　编辑元件

6. 连接线路与自动放置节点

按照图 C. 34 进行连接线路,如图 C. 35 所示。如果需要从某一引脚连接到某一条线的中间,则只需单击该引脚,然后移动光标到所要连线的位置再单击即可。Multisim 不但自动连接这两点,同时在所连接线条的中间自动放置一个节点,表示该线条与新的走线是相连接的。

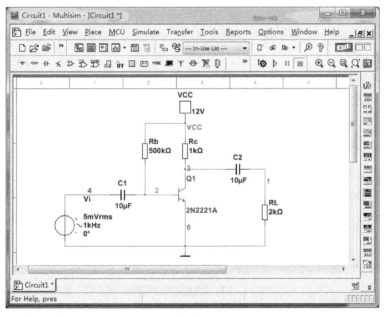

图 C. 35　连接线路与自动放置节点

除了上述情况外,交叉而过的两条线不会产生节点。但是如果要让交叉线相连接的话,可在交叉点上放置一个节点。执行菜单命令"Place/Junction",单击所要放置节点的位置即可在该处放置一个节点。如果要删除节点,则右击所要删除的节点,在弹出式菜单中选择 Delete 项即可删除(注意:删除节点会将与其相关的连线一起删除)。

7. 给电路增加文本

当需要在电路图中放置文字说明时,可执行菜单命令"Place/Text",然后单击所要放置文字的位置,即可在该处放置一个文字插入块。然后输入所要放置的文字,输入完成后,单击此文字块以外的地方,文字即被放置。被放置的文字块可以任意搬移,具体做法是:指向该文字块,按住鼠标左键,再移动光标,移至目的地后,放开左键即可完成搬移。另外,如果要删除此文字块,则单击此文字块后,按 Del 键即可删除。如果要改变文字的颜色,则右击该文字块,在快捷菜单中选取 Color 命令选取所要采用的颜色。

二、仿真测量电路

1. 用数字万用表测量静态工作点

利用数字万用表的直流电压挡和直流电流挡可以测量静态工作点:I_{BQ}、I_{CQ}、U_{BEQ}、U_{CEQ}。

(1)测量 I_{BQ} 和 I_{CQ}

① 增加数字万用表:单击虚拟仪表工具栏的数字万用表按钮,移动光标至电路窗口中合适的位置后单击,数字万用表图标出现在电路窗口中。用此方法取出两个数字万用表 XMM1 和 XMM2,分别放置到 R_b 和 R_c 所在支路旁边。

② 仪表连线:删除电路中适当的连线,将 XMM1 串联到 R_b 所在支路中,将 XMM2 串联到 R_c 所在支路中,如图 C.36 所示。

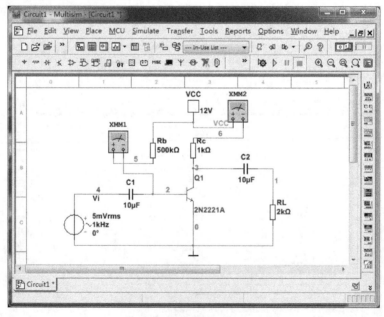

图 C.36　增加数字万用表

③ 设置仪表:分别双击 XMM1 和 XMM2 图标,打开数字万用表,并将它们移至合适位置,依照 C.4 节所描述的方法将数字万用表的测量方式设置为测量直流电流,如图 C.37 所示。

④ 仿真测量:打开仿真开关,数字万用表即可显示出测量的 I_{BQ} 和 I_{CQ},如图 C.37 所示。

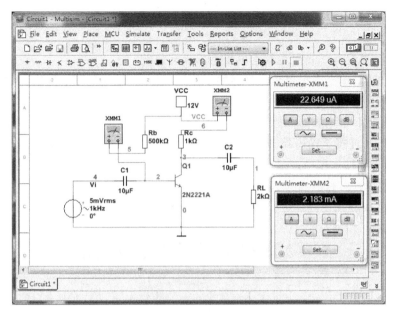

图 C.37　测量 I_{BQ} 和 I_{CQ}

应当指出,在实测电子电路某一支路的电流时,应通过测量该支路某电阻两端电位及其阻值,通过计算得出电流。可见,仿真测量与实际测量是有区别的,学习时应特别注意这种区别。

（2）测量 U_{BEQ} 和 U_{CEQ}

① 增加数字万用表：取出两个数字万用表 XMM1 和 XMM2,分别放置到晶体管两旁。

② 仪表连线：删除电路中适当的连线,将 XMM1 并联到基极和发射极,将 XMM2 并联到集电极和发射极。

③ 设置仪表：分别双击 XMM1 和 XMM2 图标,打开数字万用表,并将它们移至合适位置,依照 C.4 节所描述的方法将数字万用表的测量方式设置为测量直流电压,如图 C.38 所示。

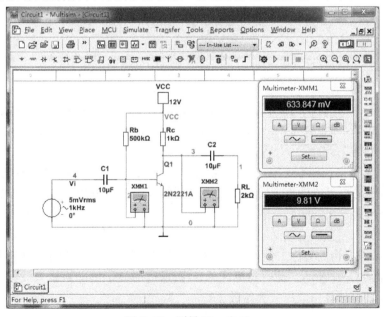

图 C.38　测量 U_{BEQ} 和 U_{CEQ}

④ 仿真测量:打开仿真开关,数字万用表即可显示出测量的 U_{BEQ} 和 U_{CEQ},如图 C.38 所示。

2. 用示波器观察电压波形及测量中频电压放大倍数

① 增加示波器:单击虚拟仪表工具栏的示波器按钮,移动光标至电路窗口的右侧后单击,示波器图标出现在电路窗口中。

② 示波器连线:将示波器图标上的 A 通道输入端子连接至信号源上端,将示波器图标上的 B 通道输入端子连接至输出端即 R_L 上端。示波器图标上的接地端子 G 既可以与电路中的地连接,也可以不连接。若不连接,则 Multisim 默认示波器接地端子 G 与电路中的地连接。

③ 改变连线颜色:右击 A 通道输入端子与信号源之间的连线,在弹出式菜单中选择 Color 命令改变该连线的颜色,以区别于 B 通道输入端子与电路输出端的连线。加入示波器后的电路如图 C.39 所示。

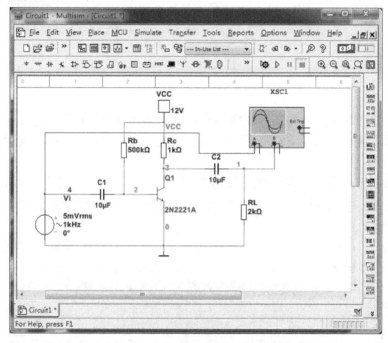

图 C.39　加入示波器后的电路

④ 设置仪表:双击示波器图标,打开示波器,并将它移至合适位置,将示波器扫描时间 Timebase 区块的 Scale 设置为 1ms/DIV,Channel A 区块的 Scale 设置为 5mV/DIV,Channel B 区块的 Scale 设置为 500mV/DIV。

⑤ 仿真测量:打开仿真开关,在示波器上即可显示出输入电压和输出电压的波形,如图 C.40所示。从图中可以观察到输入和输出电压的波形颜色分别与电路中设置的示波器 A 通道、B 通道与电路连线的颜色一致,容易区分。另外,由图中可以观察到输入和输出电压的波形相位相反。

单击仿真开关右边的暂停按钮,分别移动示波器左、右两端的光标至输入波形和输出波形的峰值点上,如图 C.41 所示。此时游标区 A、B 两通道的显示值即为输入波形和输出波形的峰值电压,由此即可计算出电压放大倍数。

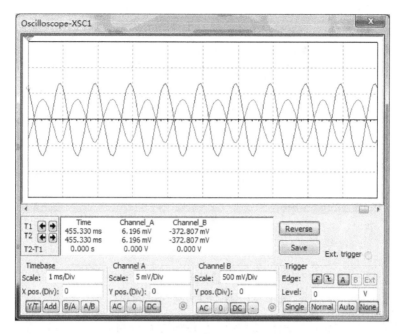

图 C.40　用示波器观察输入、输出信号波形

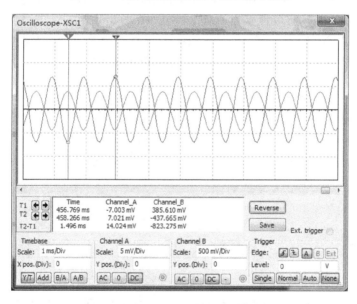

图 C.41　用示波器测量电压放大倍数

3. 用波特图仪观察电压放大倍数的频率特性

① 增加波特图仪：单击虚拟仪表工具栏的波特图仪按钮，移动光标至电路窗口的右侧后单击，波特图仪图标出现在电路窗口中。

② 波特图仪连线：将波特图仪图标上的 IN 输入端子的＋端子连接至信号源上端，将波特图仪图标上的 OUT 输出端子的＋端子连接至输出端即 R_L 上端。

③ 改变连线颜色：右击 IN 输入端子的＋端子与信号源之间的连线，在弹出式菜单中选择 Color 命令改变该连线的颜色，以区别于 OUT 输出端子的＋端子与电路输出端的连线。加入波特图仪后的电路如图 C.42 所示。

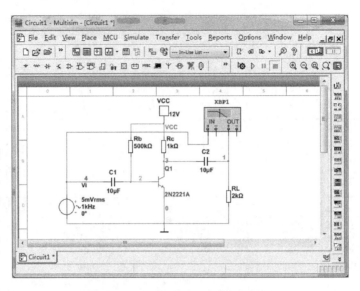

图 C.42　加入波特图仪后的电路

④观察仿真结果：双击波特图仪图标，打开波特图仪，并将它移至合适位置。

观察幅频特性：单击"Magnitude"按钮，在 Horizontal 区块单击"Log"按钮采用对数刻度，将 F 字段设置为 10GHz，I 字段设置为 1mHz；在 Vertical 区块单击"Log"按钮采用对数刻度，将 F 字段设置为 100dB，I 字段设置为−200dB。打开仿真开关，波特图仪左边显示屏中即可显示出电路的幅频特性，如图 C.43 所示。移动光标可测量出中频电压放大倍数的分贝值、上限截止频率和下限截止频率。

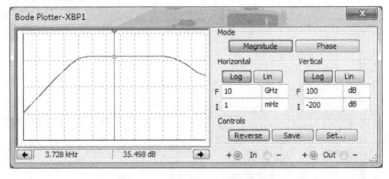

图 C.43　用波特图仪观察幅频特性

观察相频特性：单击"Phase"按钮，在 Horizontal 区块单击"Log"按钮采用对数刻度，将 F 字段设置为 10GHz，I 字段设置为 1mHz；在 Vertical 区块单击"Lin"按钮采用对数刻度，将 F 字段设置为 720Deg，I 字段设置为−720Deg。打开仿真开关，波特图仪左边显示屏中即可显示出电路的相频特性，如图 C.44 所示。移动光标可测量各频率点的相位值。

三、分析电路

1. 用静态工作点分析方法分析晶体管各电极的直流电压

（1）单击设计工具栏的"Analysis"按钮，选择 DC Operating Point 分析方法。

（2）在 Output variables 页中选择静态工作点相关量作为分析对象，如图 C.45 所示。

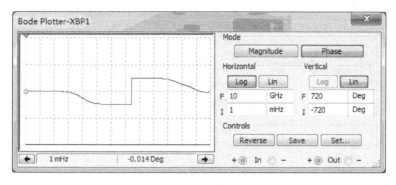

图 C.44　用波特图仪观察相频特性

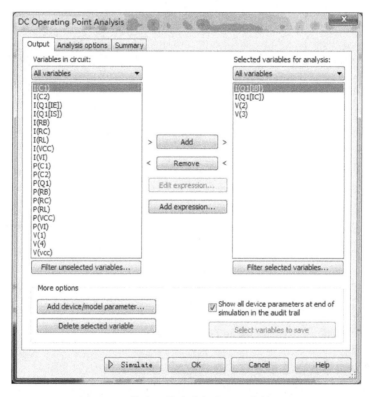

图 C.45　静态工作点分析方法的参数设置

（3）单击"Simulate"按钮进行仿真，仿真结果如图 C.46 所示。

2. 用交流分析观察电压放大倍数的频率响应

（1）单击设计工具栏的"Analysis"按钮，选择 AC Analysis 分析方法。

（2）在 Frequency parameters 页中设置起始频率 Start frequency 为 1Hz，终止频率 Stop frequency 为 10GHz，扫描方式 Sweep type 设定为 Decade（十倍刻度扫描）、每十倍频率的取样数量 Number of points per decade 设定为 10，垂直刻度 Vertical scale 设定为 Linear（线性刻度）。

（3）在 Output variables 页中选择 V(1)作为分析对象。

（4）单击"Simulate"按钮进行分析，分析结果如图 C.47 所示。

（5）在分析结果图中单击"Show/Hide Cursors"按钮，可以读取波形上各点的值。

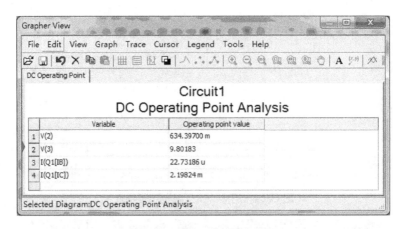

图 C.46　静态工作点分析结果

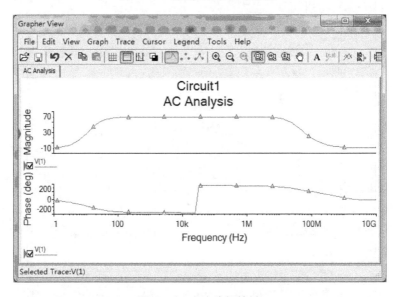

图 C.47　交流分析结果

3. 用瞬态分析观察输出电压波形和分析电压放大倍数

(1) 单击设计工具栏的"Analysis"按钮,选择 Transient Analysis 分析方法。

(2) 在 Output variables 页中选择 V(1) 作为分析对象。

(3) 单击"Simulate"按钮进行分析,分析结果如图 C.48 所示。

(4) 在分析结果图中单击"Show/Hide Cursors"按钮 ，可以读取波形峰值,从而计算出电压放大倍数。

4. 用传递函数分析计算输入电阻和输出电阻

(1) 单击设计工具栏的"Analysis"按钮,选择 Transfer Function 分析方法。

(2) 在 Analysis parameters 页中选择 Input source 为直流电压源 V_{CC};选择 Voltage 项,其中输出节点 Output node 选择 V(3),参考节点 Output reference 选择 V(0)。

(3) 单击"Simulate"按钮进行分析,分析结果如图 C.49 所示。

5. 用直流扫描分析直流电源对晶体管基极电位的影响

(1) 单击设计工具栏的"Analysis"按钮,选择 DC Sweep 分析方法。

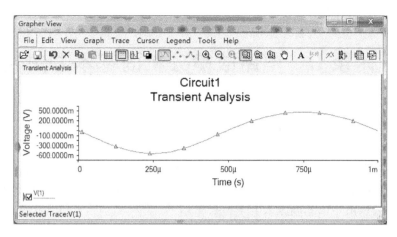

图 C. 48　瞬时分析结果

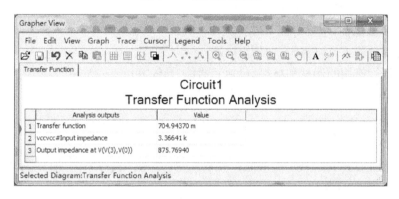

图 C. 49　传递函数分析结果

（2）在 Analysis parameters 页中选择电压源 Source 为 V_{CC}，选择起始电压值 Start value 为 0V，终止电压值 Stop value 为 12V，步长 Increment 为 0. 1V。

（3）Output variables 页中选择 V(2)作为扫描分析对象。

（4）单击"Simulate"按钮进行分析，分析结果如图 C. 50 所示。

（5）在分析结果图中单击"Show/Hide Cursors"按钮，可以读取波形各点的值。

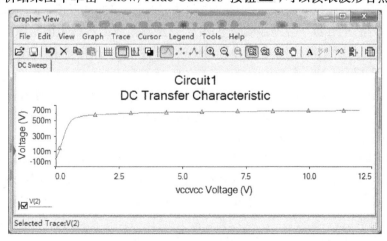

图 C. 50　直流扫描分析结果

附录 D　电路故障分析的基本方法

D.1　模拟电路故障分析

模拟电路的类型很多,出现的故障也不相同。要迅速准确地查出故障并排除,要求有一定的基本知识和技能,如模拟电路基本知识、元器件及单元电路的测试技术、电路的安装等。此外,还需要掌握检修电子电路的基本方法和步骤。

一、检修前的准备

在检查排除故障前,应做好以下准备工作:

(1) 准备好检修工具,包括各种测量仪器;

(2) 准备好检修用的器材和材料,包括元器件、导线等;

(3) 准备好维修资料,包括电路原理图、安装图等。

二、检查故障的基本方法

为了迅速查出故障,提高效率,防止扩大故障,检查工作要有目的、有计划地进行,同时还应掌握一些检查故障的基本方法。

　1. 测试电阻法

测试电阻法分为通断法和阻值法两类。

(1) 通断法用于检查电路中连线、熔断器、焊点有无短路、虚焊等故障,也可检查电路中不应连接的点、线之间有无短路故障。实验中使用插件实验板或一些接插件时,常出现接触不良或短路等故障,使用通断法直接测试应连接的元器件引线之间是否通断,可很快查出故障。实验前可用通断法检查所用导线有无短路现象。

(2) 阻值法用来测试电路中元器件间的电阻值,判断元器件是否正常。例如,电阻器值有无变值、失效、开路;电容器是否击穿或漏电;变压器及其他线圈各绕阻间绝缘电阻是否正常,各绕阻的直流电阻是否正常;检查各半导体器件或集成组件的引线间有无击穿,各 PN 结正向之间电阻是否正常等。

测阻值法还可用于对电路的检查,例如,用电阻法直接测量放大器的输入、输出电阻,判断电路有无短路、断路等故障。在接入电源 V_{CC} 前,要测试一下 V_{CC} 的负载,看有无短路或断路,防止盲目接入电源而造成电源或电路的损坏。

应用测试电阻法测试电路中的元器件或两点间的电阻值时,应在电路没有通电状态下进行,电路中有关电解电容要先放掉存储的电荷。测试电路中某一元器件的阻值时,元器件的一个被测引线应从电路中脱开,以防止电路中与其并联的其他元件对其产生影响。

　2. 测试电压法

检修电路时,在电路内无短路(由测试电阻法判断)、通电后无冒烟、电流过大、元器件过热等恶性故障的情况下,可接入电源,用测试电压法寻找故障。

测试电压法一般是用电压表测试各有关测试点的电压值，并将实测值与有关技术资料上标定的正常电压值加以比较，进而进行故障判断。有时正常电压既无标定又不易估算，在条件允许的情况下，可对照正常的相同电路，从正常电路中测得有关各测试点的电压值。

注意：测试电压法应在规定的状态下进行测试。应按要求使用合适的万用表，以减小测试误差，避免影响被测电路的工作状态。

3. 波形显示法

在电路静态工作点正常的情况下，将信号加入电路，用示波器观察电路中各测试点的波形，根据所观察到的波形，判断电路故障。这是检查电路故障最有效、最方便的方法。它不仅可以观察波形有无，还可根据波形的频率、幅度、形状等，判断故障原因。

在模拟电路中，波形显示最适用于振荡电路和放大电路的故障分析。对于振荡电路，使用示波器可以直接测试输出有无波形、幅度、频率等是否符合要求。对于放大电路，特别是多级放大电路，用波形显示方法可分别观察各级放大电路的输入、输出波形，根据有无波形、波形幅度、波形的失真等现象，判断各级放大器是否正常，判断级间的耦合元件是否正常。

4. 部件替代法

在判断基本准确的情况下，对个别存在故障的元器件或组件，用一个好的元器件或组件替代，替代后若能使电路恢复正常，则说明原来的元器件或组件存在故障，是电路产生故障的原因。可进一步对替代的元器件或组件进行测试、检查。这种方法多用于不易直接测试判断其有无故障的部件。例如，无法测试电容是否正常、晶体管是否击穿、专用集成组件质量好坏时，均可采用替代法。

使用替代法找出故障部件，在安装新部件时应分析产生故障的原因，即分析与此部件相连的外围元器件有无损坏，若有，应先予以排除，以消除故障隐患，防止再次损坏部件。

三、排除故障的基本步骤

模拟电路故障的检查与排除一般应遵循以下步骤。

1. 初步检查

初步检查多采用直观检查法，主要检查元器件有无损坏迹象、电源部分是否正常。若初步检查未发现故障原因，或排除了某些故障后电路仍不正常，则按下述方法进一步检查。

2. 判断故障部分

首先查阅电路原理图，按其功能将电路分解成几个部分。明确信号的产生和传递关系及各部分电路间的联系和作用原理，根据所观察到的故障现象分析故障可能出现的部分。查对安装图，找到各测试点的位置，为测试、分析故障做好准备。正确判断出故障部位是能否迅速排除故障的关键。

3. 寻找故障所在级

根据以上判断，在可能出现故障的部分，对各级电路进行检查。检查时用波形显示法对电路进行动态检查。例如，检查振荡电路有无起振；输出波形是否正常；放大电路是否放大信号；输出波形有无失真等。检查可以由后向前，也可以由前向后逐级推进。

下面以放大电路为例加以说明。

（1）由前向后逐级推进：将测试信号从第一级输入，用示波器依次观察其后各级电路的输入、输出波形。若发现某级电路输入正常而输出波形不正常，则说明此级或下一级存在故障（下级电路出现故障，如输入阻抗变小或为零，可影响此级电路的正常工作）。进一步判别时，可将两级电路的耦合元件断开,分别测试两级电路,以确定故障所在级。若前级输出正常而后级输入信号不正常,则耦合元件损坏。

（2）由后向前逐级推进:用示波器测试最后一级输出波形。将测试信号由后向前逐级加在各电路的输入端,若在某一级加入信号而无输出信号或输出信号不正常,此电路可能存在故障,可与其他电路分开,进一步判断。

4. 寻找故障点

故障确定后,可进一步寻找故障点,即判断具体的故障元器件。检查方法一般采用测试电压法,测试电路中各点的静态电压值,根据所测数据,确定这部分电路是否确有故障并确定故障元件。

确定故障后,切断电源,将损坏元器件或可能有故障的元器件取下,用电阻法检查。对于不易测试的元器件,采用替代法进行判断,这样可确定故障,并排除故障。

5. 修复电路

找出故障元器件后,要进一步分析其损坏的原因,检查与其相关元器件或连线等有无故障。在确定其无其他故障后,可更换故障元器件,修复电路。最后进行通电试验,观察电路能否正常工作。

D.2　数字电路故障分析

在实验中,当所安装电路不能完成预期的逻辑功能时,就称电路有故障。数字电路产生故障的原因大致有:电路设计不妥;安装、布线时出现错误;集成电路组件功能不正常或使用不当;实验仪器或实验板不正常。要迅速地排除电路故障,应掌握排除故障的基本方法和步骤。模拟电路故障的检查方法(如测试电阻法、测试电压法、波形显示法)也适用于数字电路。针对数字电路系统中相同基本单元较多、功能特性基本相同这一特点,在检查故障的各种方法中,替代法和逻辑对比法是较常用的方法。

一、排除故障的常用方法

1. 查线法

在数字电路实验中,大多数故障是由于布线错误引起的,对于故障电路复查布线,可以检查出部分或全部由布线错误引起的故障。这种方法对于不很复杂的小型电路和布线很有章法的电路是有效的,对较为复杂的电路系统,用查线的方法排除故障是困难的。另外,查线法也只能查出漏接或错接的导线,许多故障用查线的方法是不易被发现的。例如,由于导线插入插孔太深形成导线上绝缘层使导线与插孔相互绝缘等,所以检查布线不能作为排除故障的主要手段。

2. 替代法

将已调好的单元组件(或正常的集成组件)替代有故障或有故障嫌疑的相同的单元组件,将其接入电路,可以很快判断出故障原因是否由原单元组件故障所致。

在数字电路中,相同的单元组件和相同的集成电路很多,而且集成电路多采用插接式连接,检查故障时,替代法是很方便、有效的方法。

使用替代法时,替代原部件的组件或器件应是正常的。在插拔组件前,应先切断电源。

3. 逻辑对比法

当怀疑某一电路存在故障时,可将其状态参数与相同的正常电路一一进行对比。用这种方法可以很快找到电路中的某些不正常状态和参数,进而分析出故障原因,将故障排除。采用逻辑对比法,经常是将电路的真值表、状态转换图列出,与实际测得的电路状态加以比较,进而分析电路有无故障。这种方法在数字电路故障分析中是很重要的方法。

测试状态的方法很多,有测试电压法、逻辑电平测试法和示波器观测法等方法。

二、排除故障的基本步骤

- 初步检查;
- 观察故障现象;
- 分析故障原因;
- 证实故障原因;
- 排除电路故障。

在排除电路故障的全过程中,要坚持用逻辑思维对故障现象进行分析和推理,这是排除故障工作能顺利进行的关键。

1. 初步检查

排除故障时可先对电路进行全面的初步检查,检查内容包括:

(1) 布线有无错误,如错接、漏接;

(2) 集成电路插接是否牢固,有无松动和接触不良现象;

(3) 集成电路电源端对地电压是否正常,即电源是否加入各集成电路;

(4) 若电路有置位或复位功能,可检查其能否被正常置位或复位(如置 1 或清 0);

(5) 观察输入信号(如 BCD 码、时钟脉冲等)能否加到实验电路上;

(6) 观察输出端有无正常的电平。

通过初步的检查,可能发现并排除部分或全部故障。

2. 观察电路工作情况,搞清故障现象

在初步检查的基础上,按电路的正常工作程序给其加入电源,输入信号,观察电路的工作状态,输入信号最好用逻辑开关、无抖动开关或用手控制的信号源。若电路出现不正常状态,不要急于停机检查,而应重复多次输入信号,观测电路的工作状态。仔细观察并记录故障现象,例如,电路总是在某一状态向另一状态转换时出现异常状态。

3. 对故障进行分析

将故障现象观察、记录清楚之后,关机停电,对所观察到的现象进行分析,根据电路的真值表、状态转换图、所用器件的工作原理和工作条件,判断产生故障的原因。例如,无论给实验电路如何加信号,输出端始终处于高电平,则可能是因为集成电路未正常接地所致;不管将 JK 触发器输入端 J 和 K 置于什么电平,该触发器却始终处于计数状态(即随时钟脉冲而翻转),那么可能是 J 和 K 端导线接触不良,不能接入正常电平;若电源、地线连线正常,输入端信号也能正常加入,而无正常输出,可能是集成电路组件损坏。

4. 证实故障原因

利用替代法、逻辑对比法等方法,证实产生故障的部件或组件。对一些简单故障,如上述的一些因漏接导线、接地不良等原因,可将导线重新连接,看电路是否恢复正常,这样便可证实电路故障的确实原因。

5. 排除故障

将确实损坏的元器件换掉,将错误的连线纠正,即可使电路正常工作。

参 考 文 献

[1] 刘建成,严婕. 电子线路实验教程. 北京:气象出版社,2001.

[2] 毕满清. 电子技术实验与课程设计. 北京:机械工业出版社,2005.

[3] 高文焕等. 电子技术实验. 北京:清华大学出版社,2004.

[4] 杨素行. 模拟电子技术基础简明教程. 北京:高等教育出版社,2011.

[5] 余孟尝. 数字电子技术基础简明教程. 北京:高等教育出版社,2007.

[6] 童诗白,华成英. 模拟电子技术基础. 北京:高等教育出版社,2015.

[7] 阎石. 数字电子技术基础. 北京:高等教育出版社,2009.

[8] 华成英. 模拟电子技术基本教程. 北京:清华大学出版社,2006.